Balal Oroji

Uma análise da qualidade das águas subterrâneas na planície de Asadabad, no oeste do Irão

Balal Oroji

Uma análise da qualidade das águas subterrâneas na planície de Asadabad, no oeste do Irão

Imprint
Any brand names and product names mentioned in this book are subject to trademark, brand or patent protection and are trademarks or registered trademarks of their respective holders. The use of brand names, product names, common names, trade names, product descriptions etc. even without a particular marking in this work is in no way to be construed to mean that such names may be regarded as unrestricted in respect of trademark and brand protection legislation and could thus be used by anyone.

Cover image: www.ingimage.com

This book is a translation from the original published under ISBN 978-3-659-60925-1.

Publisher:
Sciencia Scripts
is a trademark of
Dodo Books Indian Ocean Ltd. and OmniScriptum S.R.L publishing group

120 High Road, East Finchley, London, N2 9ED, United Kingdom
Str. Armeneasca 28/1, office 1, Chisinau MD-2012, Republic of Moldova, Europe
Printed at: see last page
ISBN: 978-620-8-10359-0

ÍNDICE DE CONTEÚDOS

Vulnerabilidade e avaliação qualitativa das águas subterrâneas do aquífero Asadabad com determinação do índice de qualidade das águas superficiais no Irão

Balal Oroji

Departamento de Ciências Ambientais, Faculdade de Recursos Naturais e Ciências Ambientais, Universidade de Malayer, Hamadan, Irão. +98 9188190443 Balaloroji@yahoo.com

Resumo

A contaminação das águas subterrâneas potáveis é um problema mundial que tem impactos económicos e na saúde humana. Esta contaminação é normalmente causada por alguns constituintes químicos dissolvidos, tais como $NOs^- N$, F^- que são na sua maioria de origem geogénica ou antropogénica. Este estudo foi realizado para avaliar o potencial de contaminação por $NOs^- N$ e F^- nas águas subterrâneas potáveis em função da litologia, das caraterísticas do solo e das actividades agrícolas num distrito intensivamente cultivado no oeste do Irão, Hamadan. Foram recolhidas 30 amostras de águas subterrâneas a diferentes profundidades de vários tipos de poços e analisadas quanto ao pH, CE, carga de $NOs'N$ e teor de F'. A concentração de fluoreto e nitrato na água subterrânea foi determinada numa zona onde é a única fonte de água potável. Foram também medidos vários outros parâmetros de qualidade da água, como o pH, a condutividade eléctrica, o total de sais dissolvidos, a dureza total, a alcalinidade total, bem como as concentrações de K^+, Ca^{+2}, Mg, $HCO3^-$, Cl^-, $SO4^-$ e Na^+. Os resultados analíticos indicaram variações consideráveis entre as amostras analisadas no que diz respeito à sua composição química. A maioria das amostras está em conformidade com as normas do Irão e da OMS para a maioria dos parâmetros de qualidade da água medidos. A concentração de fluoreto e nitrato nos pontos de amostragem de água subterrânea situou-se entre 0,203 e 1,03 mg/l e 9,6 e 33 mg/l, respetivamente. A qualidade global da água foi considerada satisfatória para beber sem qualquer tratamento prévio. Os diferentes modelos, tais como os modelos DRASTIC e GOD, foram utilizados para cartografar a vulnerabilidade das águas subterrâneas à poluição em determinadas zonas. O principal objetivo deste estudo é utilizar dois métodos, DRASTIC e GOD, aplicados à bacia da planície de Asadabad para determinar a vulnerabilidade das águas subterrâneas à poluição. Os resultados mostraram que nos modelos DRASTIC e GOD, respetivamente, 2,1% e 1,6% das zonas são de vulnerabilidade potencial elevada. De acordo com o modelo DRASTIC, na área de estudo 63,6% tem uma classe baixa de vulnerabilidade das águas subterrâneas à contaminação, enquanto um total de 34,2% da área de estudo tem vulnerabilidade moderada, sendo que o valor para o modelo GOD foi de 60,8% e 37,6%, respetivamente. Os resultados finais indicam que o sistema aquífero na área em causa está relativamente protegido da contaminação na superfície das águas subterrâneas. Para atenuar os riscos de contaminação nas zonas de vulnerabilidade moderada, deve ser aplicada uma medida de proteção antes da exploração do aquífero e antes do início de actividades agrícolas abrangentes na zona. Na modelação de problemas ambientais complexos, os investigadores não conseguem frequentemente definir declarações precisas sobre a entrada e os resultados dos contaminantes, mas a lógica difusa pode ajudar a dominar esta indecisão lógica. O objetivo deste trabalho é propor um novo indicador da qualidade da água do rio utilizando a lógica difusa. O índice proposto combina seis indicadores, e não só apresenta uma ferramenta que explica a discrepância entre os dois índices de base, mas também fornece uma pontuação quantificável para a qualidade da água determinada. Estas classificações com um grau de adesão podem ser um bom apoio para a tomada de decisões e podem ajudar a atribuir a cada secção de um rio um sub-objetivo de qualidade gradual a atingir. Para demonstrar a aplicabilidade da abordagem proposta, o novo indicador foi utilizado para classificar a qualidade da água num certo número de estações ao longo das bacias hidrográficas de Qarah-chai e Siminehrood. As classificações obtidas foram depois comparadas com o indicador físico-químico convencional da qualidade da água atualmente utilizado no Irão. Os resultados revelaram que o indicador difuso forneceu classificações mais rigorosas do que o índice convencional em 38% e 44% dos casos para as duas bacias, respetivamente. Estas excepções devem-se principalmente ao grande desacordo entre os diferentes limiares de qualidade das duas normas, especialmente para o coliforme fecal e o fósforo total. Estas grandes disparidades justificam a necessidade de atualizar a lei iraniana sobre a qualidade da água.

Palavras-chave: Vulnerabilidade; Planície de Asadabad; GOD; DRASTIC, Qualidade da água, Lógica difusa

Introdução

A água subterrânea é um componente essencial e vital do nosso sistema de suporte de vida. Os recursos hídricos subterrâneos estão a ser utilizados para fins de consumo, irrigação e industriais. No entanto, devido ao rápido crescimento da população, à urbanização, à industrialização e às actividades agrícolas, os recursos hídricos subterrâneos estão sob pressão. Existe uma preocupação crescente com a deterioração da qualidade das águas subterrâneas devido a actividades geogénicas e antropogénicas. A composição química natural da água subterrânea é influenciada predominantemente pelo tipo e profundidade dos solos e pelas formações geológicas subterrâneas através das quais a água subterrânea passa. A qualidade das águas subterrâneas é também influenciada pela contribuição da atmosfera e das massas de água superficiais. A qualidade das águas subterrâneas é também influenciada por factores antropogénicos. Por exemplo, a sobre-exploração das águas subterrâneas nas regiões costeiras pode resultar na entrada de água do mar e no consequente aumento da salinidade das águas subterrâneas e a utilização excessiva de fertilizantes e pesticidas na agricultura e a eliminação incorrecta de resíduos urbanos/industriais podem causar a contaminação dos recursos hídricos subterrâneos. As águas subterrâneas contêm uma grande variedade de constituintes químicos inorgânicos dissolvidos em várias concentrações, resultantes de interações químicas e bioquímicas entre a água e os materiais geológicos. Os contaminantes inorgânicos, incluindo a salinidade, o cloreto, o fluoreto, o nitrato, o ferro e o arsénio, são importantes para determinar a adequação das águas subterrâneas para fins de consumo.

A água desempenha um papel importante no desenvolvimento de uma sociedade saudável e é um recurso natural essencial para sustentar a vida e o ambiente, que sempre pensámos estar disponível em abundância e ser uma dádiva gratuita da natureza. No entanto, a composição química da água superficial ou subsuperficial é um dos principais factores dos quais depende a adequação da água para fins domésticos, agrícolas e industriais. A água doce é constituída por águas subterrâneas e águas superficiais, sendo que as águas subterrâneas contribuem apenas com 0,6% do total dos recursos hídricos da Terra (Fawell e Bailey, 2006; Unicef, 2008; Edmunds e Smedley, 2013). O abastecimento de água, o saneamento e a drenagem são elementos-chave do processo de urbanização. Existem diferenças substanciais na sequência do desenvolvimento entre as zonas de rendimento mais elevado, onde o processo é normalmente planeado com antecedência, e as zonas de rendimento mais baixo, onde as povoações informais são progressivamente consolidadas em zonas urbanas, mas os factores comuns são a impermeabilização de uma proporção significativa da superfície terrestre e a grande importação de água de fora dos limites urbanos, com a subsequente eliminação de grandes volumes de águas residuais. Os sistemas de saneamento e drenagem são, portanto, também fundamentais para a consideração do ciclo hidrológico urbano. Em geral, evoluem com o tempo, mas variam muito consoante os diferentes padrões de desenvolvimento urbano. Na maioria das vilas e cidades em desenvolvimento, a instalação de sistemas de esgotos principais está consideravelmente atrasada em relação ao crescimento populacional e ao abastecimento de água. A urbanização provoca alterações radicais na frequência e na taxa de recarga das águas subterrâneas, com uma tendência geral para o aumento significativo do volume e para a deterioração substancial da qualidade (Foster, 1990). Estas alterações não podem ser medidas diretamente e são, portanto, difíceis de quantificar. Por sua vez, influenciam os níveis de água subterrânea e os regimes de fluxo nos aquíferos subjacentes, sendo que o equilíbrio demora décadas a ser atingido. A qualidade das águas subterrâneas está sob uma ameaça considerável de contaminação, especialmente em áreas dominadas pela agricultura, devido à utilização intensa de fertilizantes e pesticidas (Giambelluca et al. 1996; Soutter e Musy 1998; Lake et al. 2003; Thapinta e Hudak 2003; Chae et al. 2004). Assim, a proteção das águas subterrâneas contra a poluição antropogénica é de importância crucial (Zektser et al. 2004). A avaliação da vulnerabilidade das águas subterrâneas à poluição ajuda a determinar a propensão da contaminação das águas subterrâneas e, por conseguinte, é essencial para a gestão e preservação da qualidade das águas subterrâneas (Fobe e Goossens 1990; Worrall et al. 2002; Worrall e Besien 2004). Este estudo foi realizado para avaliar a qualidade das águas subterrâneas e a vulnerabilidade do aquífero Asadabad no oeste do Irão.

Vulnerabilidade das águas subterrâneas

A vulnerabilidade das águas subterrâneas é considerada uma propriedade intrínseca das águas subterrâneas e pode ser definida como a possibilidade de percolação e difusão de contaminantes da superfície do solo para o sistema de águas subterrâneas. O termo vulnerabilidade é utilizado para explicar o grau em que os sistemas humanos ou ambientais são susceptíveis de sofrer danos devido a perturbações ou stress, e pode ser conhecido para um determinado sistema, perigo ou grupo de perigos (Popescu et al. 2008). A avaliação da vulnerabilidade do aquífero de águas subterrâneas fornece uma base para medidas de proteção iniciais para recursos hídricos subterrâneos importantes e será normalmente o primeiro passo numa avaliação do perigo de poluição das águas subterrâneas e da sua qualidade, quando for interessante (Foster 1987). Muitas abordagens foram expandidas para avaliar a vulnerabilidade das águas subterrâneas e são agrupadas em três categorias principais (Tesoriero et al. 1998): a. métodos excessivamente e índices; b. métodos usando modelos de simulação baseados em processos; c. métodos estatísticos.

Nos métodos de índice e de excesso, os factores que controlam o movimento dos poluentes da superfície do solo para a zona saturada (por exemplo, geologia, solo, impacto da zona vadosa, etc.) são cartografados em função dos dados existentes e/ou derivados. São então atribuídos valores numéricos subjectivos (classificação) a cada fator em função da sua importância no controlo da circulação dos poluentes. Os mapas de classificação são linearizados para produzir o mapa de vulnerabilidade final de uma região. A avaliação da vulnerabilidade das águas subterrâneas através destes métodos é qualitativa e relativa. A principal vantagem destes métodos é que alguns dos factores que controlam a circulação de poluentes podem ser avaliados numa grande área, o que os torna apropriados para a avaliação à escala regional (Thapinta e Hudak 2003). Com o desenvolvimento da tecnologia digital GIS, a adoção de tais métodos para a criação de mapas de vulnerabilidade é uma tarefa fácil. Foram alargados vários métodos excessivamente e índices. Os mais comuns são: o sistema DRASTIC (Aller et al. 1987), o sistema GOD (Foster, 1987), o sistema de classificação AVI (Van Stempvoort at al. 1993), o método SINTACS (Civita 1994), o método alemão (Von Hoyer e Sofner, 1998), o EPIK (Doerfliger e Zwahlen, 1997) e a perspetiva irlandesa (Daly et al. 2002). A prevenção contra a poluição das águas subterrâneas constitui uma fase importante para a qual os cientistas estão a dar o seu melhor, nomeadamente no estudo da vulnerabilidade das águas subterrâneas. Assim, criaram métodos científicos clássicos (Etienne et al. 2009) e numéricos (Boufekane e Saighi 2010), para facilitar a identificação do estado destas águas subterrâneas e controlar os poluentes nos reservatórios como o DRASTIC e o SI. Estes diferentes métodos são apresentados sob a forma de sistemas de cotação numérica baseados na consideração dos diferentes factores que influenciam o sistema hidrogeológico (Rouabhia 2004; Attoui et al. 2012).

A prevenção da poluição dos aquíferos é considerada como um fator importante na gestão dos recursos hídricos subterrâneos; além disso, a avaliação da vulnerabilidade dos aquíferos pelos cientistas é um fator essencial que nos dá soluções para proteger os recursos hídricos subterrâneos. Para reconhecer a necessidade de um método eficiente para proteger os recursos hídricos subterrâneos da contaminação, cientistas e gestores desenvolvem técnicas de vulnerabilidade de aquíferos para prever quais são as áreas mais vulneráveis (Mueller 2012; Chenini et al. 2015).

Durante os últimos anos, a avaliação da vulnerabilidade das águas subterrâneas à poluição tem sido objeto de intensa investigação e foram desenvolvidos vários métodos. Foram desenvolvidas muitas abordagens para avaliar a vulnerabilidade dos aquíferos e, para este objetivo, as ferramentas SIG e de deteção remota são combinadas em dois métodos: o método DRASTIC padrão e o método GOD. Além disso, estes são utilizados para avaliar a vulnerabilidade dos aquíferos à poluição. Um estudo comparativo dos mapas de vulnerabilidade foi realizado a fim de escolher o melhor método (Teixeira et al. 2015; Chenini et al. 2015). Devido à expansão das actividades agrícolas, ao uso excessivo de fertilizantes químicos e à localização de águas residuais industriais e municipais de Asadabad, é possível que este aquífero seja poluído. O objetivo do presente estudo é avaliar a vulnerabilidade do aquífero da planície de Asadabad e reconhecer as áreas sensíveis à poluição.

O reconhecimento da vulnerabilidade das águas subterrâneas ajudará a gerir a sua qualidade e a proteger os recursos hídricos subterrâneos. A possibilidade de os poluentes atingirem e serem libertados para as águas subterrâneas, depois de terem contaminado o solo, é designada por vulnerabilidade do aquífero. Em suma, a avaliação da vulnerabilidade dos aquíferos consiste em identificar as zonas propensas à poluição que foram modeladas através dos modelos DRASTIC e GOD, e os mapas gerados para cada parâmetro foram classificados e combinados com base nos modelos. Os estudos de vulnerabilidade das águas subterrâneas à poluição ajudam a categorizar o terreno com base na sua propensão à vulnerabilidade (Gogu e Dassargues 2000a). Isto é, a avaliação da vulnerabilidade das águas subterrâneas delineia as áreas que são mais susceptíveis à contaminação com base nos diferentes factores hidrogeológicos e fontes antropogénicas. Em geral, o estudo explica a estimativa do potencial de migração de contaminantes da superfície terrestre para as águas subterrâneas através das zonas não saturadas (Connell e Daele 2003). A avaliação da vulnerabilidade das águas subterrâneas é essencial para a gestão dos recursos hídricos subterrâneos e subsequente planeamento do uso do solo (Rupert 2001; Babiker et al. 2005). Os mapas de vulnerabilidade das águas subterrâneas fornecem informação visual sobre as zonas mais vulneráveis, o que ajuda a proteger os recursos hídricos subterrâneos e também a avaliar o potencial de melhoria da qualidade da água através da alteração das práticas agrícolas e das aplicações do uso do solo (Connell e Daele 2003; Rupert 2001; Babiker et al. 2005; Burkart e Feher 1996).

Os dados foram recolhidos incluindo: Campanha piezométrica realizada em setembro de 2013; Resultados dos ensaios de bombagem em 30 poços; de facto, estes resultados permitem deduzir os valores de transmissividade e os valores de permeabilidade; Fichas e logs das sondagens geológicas; Resultados das interpretações geofísicas (mapas de resistividade aparente, resistência transversal, cortes geoeléctricos); Documentos cartográficos à escala 1:50.000 (mapa geológico e mapa de solos, mapas topográficos da área) e com a escala 1:25.000 (mapas topográficos da área); Mapas digitais do terreno à escala 1:10.000; Mapa de declives e Modelo Digital de Elevação (DEM) e Os dados meteorológicos de forma a avaliar o balanço hídrico e estimar a lâmina de água infiltrada.

O aquífero Asadabad, com uma área de 962 quilómetros quadrados, está situado no oeste do Irão (Fig. 1). A localização do aquífero situa-se entre 48° 07 e 34° 47 de longitude leste e 37° 07 e 37° 25 de latitude norte. A Fig. 2 mostra o mapa geológico da área. Na região em estudo, quase 1,5 por cento da água de irrigação, ou seja, cerca de 4 milhões de metros cúbicos (MCM), infiltra-se nas águas subterrâneas por ano. Além disso, uma parte das águas residuais municipais, ou seja, cerca de 4 MCM, das cidades de Chardoli e Asadabad, infiltra-se anualmente nas águas subterrâneas (Anónimo, 2014). Esses fatores resultaram na poluição das águas subterrâneas em algumas partes do aquífero, tornando necessário ter um plano preciso para evitar mais danos aos recursos hídricos subterrâneos (Anônimo 2014). O aquífero Asadabad, localizado no oeste do Irão, foi selecionado como um estudo de caso para mostrar a aplicabilidade do método proposto. A região de estudo escolhida é maioritariamente constituída por terrenos agrícolas e a utilização de fertilizantes e pesticidas é uma prática comum. Antes de iniciar a recolha de dados pormenorizados, foram reunidas algumas informações gerais sobre as caraterísticas socioeconómicas, físicas e demográficas, os padrões de povoamento e os sistemas de abastecimento de água das comunidades em estudo. Esta informação foi usada como base para planear a recolha de dados no terreno e determinar a seleção da população da amostra (Tadesse et al. 2013). Um modelo abrangente de vulnerabilidade das águas subterrâneas deve incluir parâmetros para descrever o grau de risco de contaminação de um local e como o contaminante se move do local de contaminação para o aquífero, portanto, várias abordagens de modelagem de vulnerabilidade são propostas (Aller et al. 1987). Neste estudo, a classificação da vulnerabilidade utilizada é GOD e DRASTIC. Na Fig. 3 é apresentado o fluxograma da metodologia de análise da vulnerabilidade à poluição das águas subterrâneas.

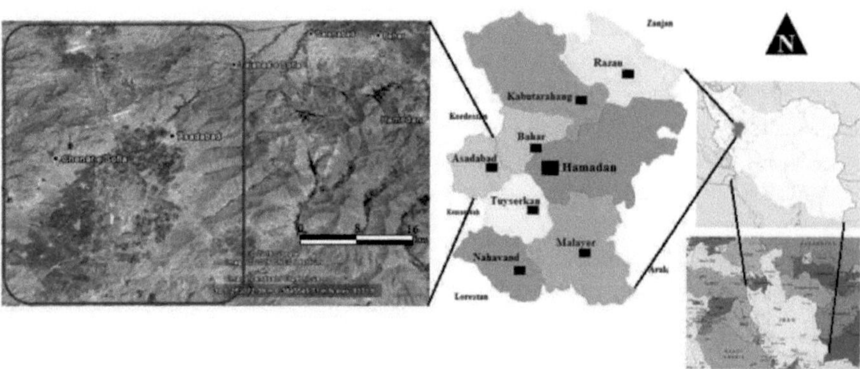

Fig. 1. Localização geográfica da área de estudo

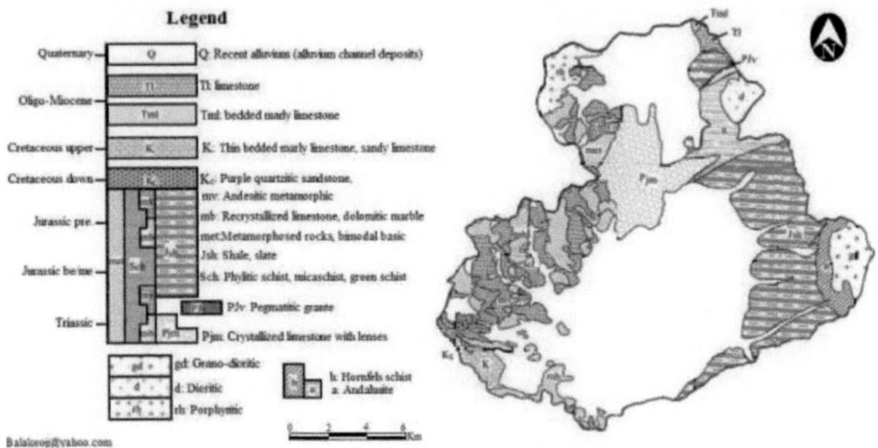

Fig. 2. O mapa geológico da área de estudo

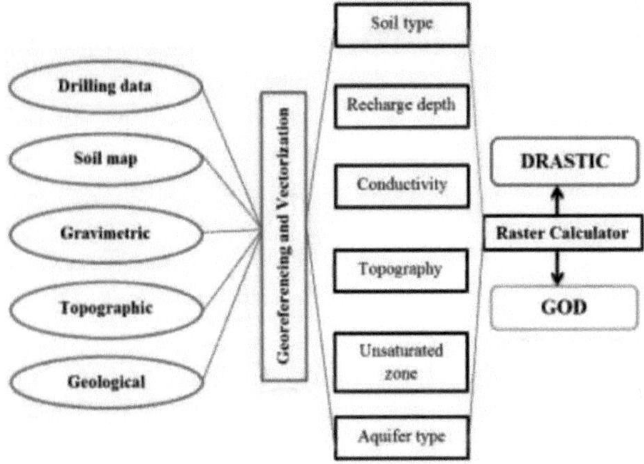

Fig. 3. Fluxograma da metodologia de análise da vulnerabilidade à poluição das águas subterrâneas

Método DRASTIC

Esta abordagem baseia-se na premissa de que os poluentes têm origem em fontes da superfície do solo e migram verticalmente através da zona vadosa para o aquífero ao mesmo ritmo que a recarga infiltrada. No entanto, esta situação é diferente em cada aquífero. Como mencionado, o método DRASTIC baseia-se na classificação de sete parâmetros de entrada que influenciam a migração vertical de potenciais contaminantes para o aquífero: profundidade da água; recarga; meio aquífero; meio do solo; topografia; impacto da zona vadosa; e condutividade hidráulica. Pesos cada parâmetro do DRASTIC foi avaliado em relação a cada um dos outros para determinar a importância relativa de cada parâmetro. Intervalos A cada parâmetro do método DRASTIC foram atribuídos intervalos que podem ter um impacto no potencial de poluição. A classificação de cada intervalo para cada parâmetro DRASTIC é avaliada em relação um ao outro para determinar a importância relativa de cada intervalo em relação ao impacto sobre o potencial de poluição (Aller et al. 1987). O parâmetro Profundidade da água (D) descreve a distância de transferência para o potencial poluente antes de atingir o aquífero. Quando o aquífero é pouco profundo e os níveis de água estão perto da superfície do solo, existe uma maior vulnerabilidade intrínseca do aquífero. Um mapa de profundidade da água requer que as medições pontuais sejam interpoladas para fornecer uma superfície contínua (Aller et al. 1987). Isto pode ser conseguido utilizando um algoritmo de interpolação no software GIS. Foram recolhidos dados piezométricos de 30 poços na região de estudo. A Fig. 4 mostra a profundidade do lençol freático no aquífero Asadabad. Utilizando os mapas criados e com base no sistema de classificação recomendado no modelo DRASTIC original, as profundidades foram divididas em diferentes classes. As classificações deste parâmetro são apresentadas na Tabela 1.

Quadro 1 Intervalos e classificação da profundidade até à água

Range	Rating
0-1.5	10
1.5-4.5	9
4.5-9	7
9-15	5
15-22	3
22-30	2
>30.4	1

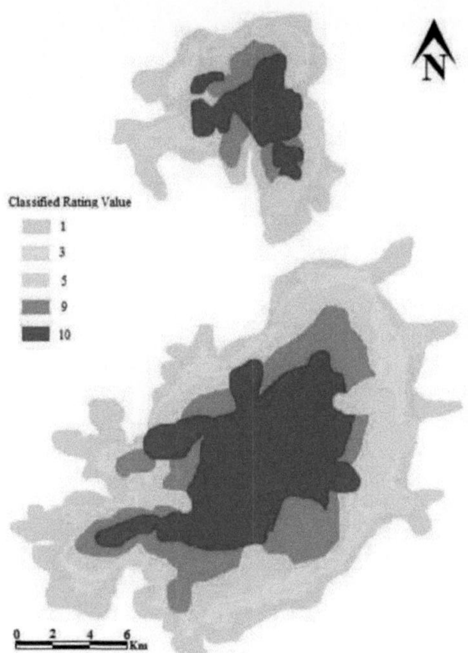

Fig. 4 Mapa dos valores dos parâmetros de profundidade da água

A recarga líquida (R) é um índice desconhecido, uma vez que não existem frequentemente valores específicos de recarga medidos no terreno para utilização na avaliação do método DRASTIC. O mapa temático da precipitação foi gerado utilizando os dados de precipitação recolhidos da Divisão Meteorológica do Irão. O mapa de evapotranspiração foi derivado do mapa de precipitação. A recarga líquida no mapa temático foi reclassificada em dois tipos e foram-lhes atribuídas as classificações correspondentes, cujos resultados são apresentados no Quadro 2. A camada do mapa para a recarga líquida é apresentada na Fig. 5.

Quadro 2 Intervalos e classificação da recarga líquida

Range	Rating
0-50	1
50-100	3
100-175	6
175-225	8
>225	9

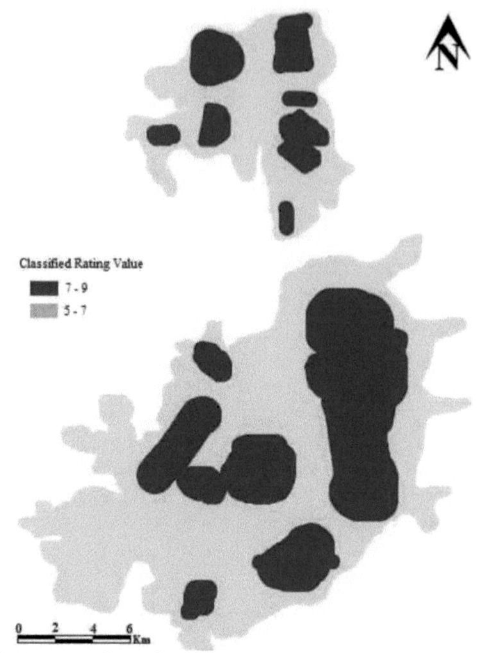

Fig. 5 Mapa dos valores dos parâmetros de recarga líquida

O mapa dos meios aquíferos (A) foi preparado a partir do mapa geológico da planície de Asadabad. Os principais constituintes litológicos do aquífero principal na área de estudo são uma mistura de cascalho e areia com uma quantidade significativa de silte e argila. Os meios aquíferos na área de estudo foram reclassificados em quatro tipos e as classificações correspondentes foram atribuídas a cada meio aquífero, como mostra o Quadro 3. A Fig. 6 mostra os resultados deste parâmetro na área de estudo.

Tabela 3 Intervalos e classificação para meios aquíferos

Range	Rating
Massive Shale	2
Metamorphic/Igneous	3
Weathered Metamorphic Igneous	4
Glacial Till	5
Bedded Sandstone, Limestone	6
Massive Sandstone	6
Massive Limestone	8
Sand and Gravel	8
Basalt	9
Karst Limestone	10

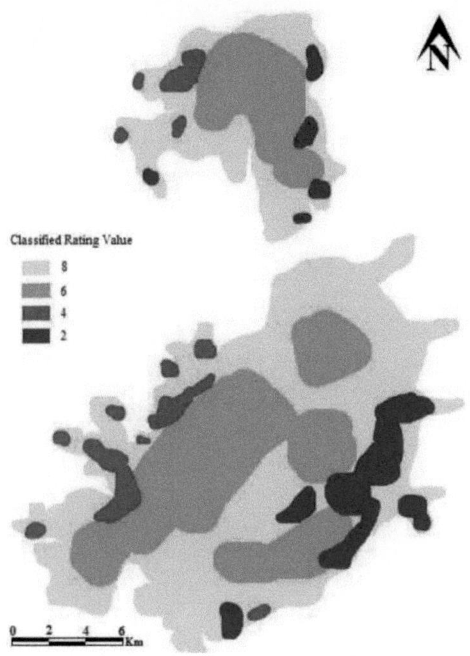

Fig. 6 Mapa dos valores dos parâmetros do meio aquífero

O mapa dos meios do solo (S) foi preparado a partir do mapa do solo da área de Hamadan. O perfil do solo foi recolhido no Centro de Investigação e Educação de Hamadan para a Agricultura e os Recursos Naturais. Foi digitalizado no ArcGIS para gerar o mapa temático dos meios de solo. A zona de estudo é constituída por um solo de tipo fino a limoso, que indica que os grupos hidrológicos do solo da zona de estudo representam as capacidades do solo para infiltrar a água aplicada. O tipo de solo foi classificado em quatro tipos e as classificações correspondentes foram atribuídas a cada tipo de meio de solo, como mostra o Quadro 4. O mapa gerado para os meios de solo é apresentado na Fig. 7.

Quadro 4 Intervalos e classificação dos meios de solo

Range	Rating
Thin or Absent	10
Gravel	10
Sand	9
Peat	8
Shrinking Clay	7
Sandy Loam	6
Loam	5
Silty Loam	4
Clay Loam	3
Muck	2
No shrinking Clay	1

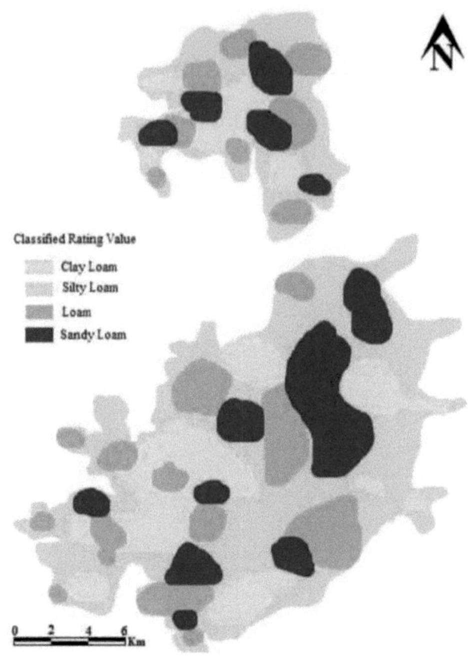

Fig. 7 Mapa dos valores dos parâmetros dos meios do solo

O parâmetro Topografia (T) foi caracterizado com base na inclinação da superfície do terreno. O ficheiro raster com a percentagem de declive foi criado a partir do DEM utilizando o spatial analyst. Os valores de declive (%) são então calculados a partir deste mapa utilizando as ferramentas de análise espacial do ArcGIS. Geralmente, o declive na área de estudo é moderado e, por isso, pode aumentar a vulnerabilidade das águas subterrâneas. A percentagem de declive na área de estudo foi reclassificada em sete classes e atribuídas as classificações correspondentes, que são apresentadas na Tabela 5. A camada do mapa temático da topografia é apresentada na Fig. 8.

Quadro 5 Intervalos e classificação da topografia

Range	Rating
0-2	10
2-6	9
6-12	5
12-18	3
>18	1

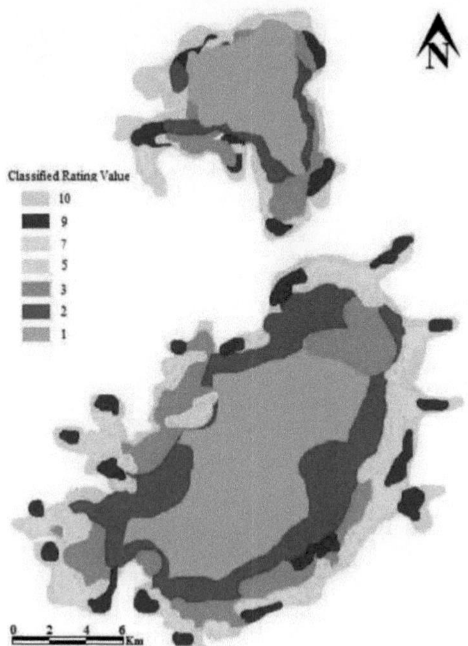

Fig. 8 Mapa dos valores dos parâmetros topográficos

Para calcular os dados da zona vadosa (I) na área de estudo, foram utilizadas informações sobre os meios do solo para obter as classificações aproximadas da zona vadosa. O mapa foi convertido em dados raster, definindo classificações para os meios da zona vadosa. A zona não saturada na parte confinada consiste principalmente em silte e argila, enquanto os principais constituintes da zona vadosa da parte não confinada são areia e cascalho. Por conseguinte, a zona vadosa das partes confinada e não confinada tem uma classificação de oito, seis e três, consoante os critérios do método DRASTIC que são apresentados no Quadro 6. O mapa temático do impacto da zona vadosa é apresentado na Fig. 9.

Quadro 6 Intervalos e classificação para a zona vadosa

Range	Rating
Confining Layer	1
Silt/Clay	3
Shale	3
Limestone	3
Sandstone	6
Bedded Limestone, Sandstone	6
Sand and Gravel W. Silt	6
Sand and Gravel	8
Basalt	9

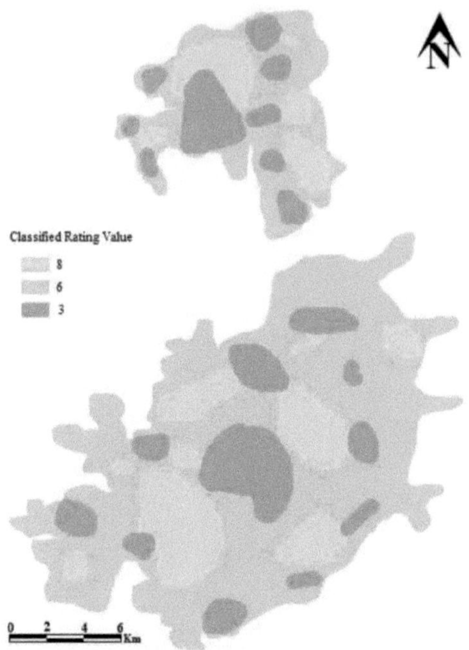

Fig. 9 Mapa dos valores dos parâmetros da zona vadosa

Dada a indisponibilidade de dados sobre a condutividade hidráulica (C) na planície de Asadabad, foram utilizadas informações sobre o meio aquífero para obter as classificações aproximadas da condutividade hidráulica. De acordo com os critérios do método DRASTIC, utilizou-se a ferramenta de reclassificação na extensão de análise espacial do ArcGIS. Foi convertido em dados raster de acordo com as classificações definidas, cujo mapa deste parâmetro é apresentado na Fig. 10. Além disso, a classificação destes parâmetros é apresentada no Quadro 7.

Quadro 7 Intervalos e classificação da condutividade hidráulica

Range	Rating
0.04-4.1	1
4.1-12.3	2
12.3-28.7	4
28.7-41	6
41-82	8
>82	10

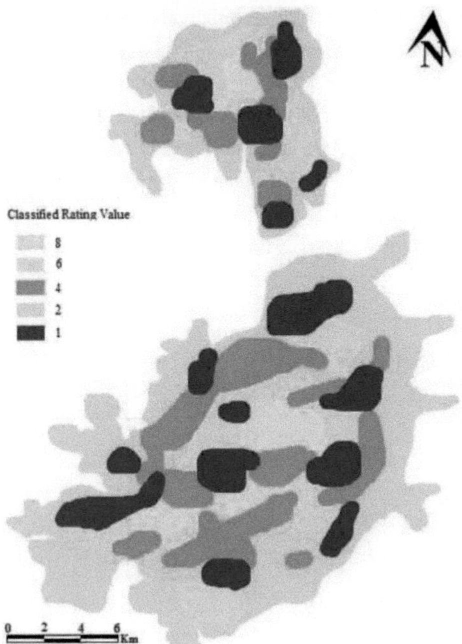

Fig. 10 Mapa dos valores dos parâmetros de condutividade hidráulica

O índice de vulnerabilidade final é a soma ponderada dos sete factores e pode ser calculado utilizando a seguinte fórmula (Aller et al., 1987):

$$VI = D_r\,xD_w + R_r\,xR_w + A_r\,xA_w + S_r\,xS_w + T_r\,xT_w + I_r\,xI_w + C_r\,xC_w \tag{1}$$

Em que *VI* é o índice de vulnerabilidade e *D, R, A, S, T, I* e *C* são os sete parâmetros do método DRASTIC, *w* o peso do fator e *r* a classificação associada.

Os dados utilizados para gerar o mapa do índice de vulnerabilidade são produzidos numa variedade de escalas. Através de uma função específica do software SIG, a função de sobreposição, os vários mapas para cada modelo de índice são combinados através da função de calculadora de mapas da extensão de análise espacial, resultando no mapa de vulnerabilidade das águas subterrâneas. Após o mapeamento de todos os indicadores, os mapas de vulnerabilidade foram obtidos através da sobreposição dos mapas individuais e do cálculo dos índices num mapa de grelha (Fig. 11). O Índice de Vulnerabilidade para cada célula da grelha foi calculado como a soma ponderada dos indicadores de acordo com a equação. De seguida, é necessário avaliar as configurações hidrológicas que estão presentes no mapa. Finalmente, as áreas no mapa final são rotuladas com a configuração hidrogeológica apropriada. Os índices de vulnerabilidade para todos os modelos são calculados e o mapa de vulnerabilidade final foi subdividido em classes relacionadas com os graus de vulnerabilidade de acordo com a classificação de Engel et al. (1996). Nalgumas áreas, a topografia e o solo estão intimamente relacionados, enquanto noutras áreas, a zona vadosa e o meio aquífero são os mesmos. Os valores da condutividade hidráulica foram frequentemente extrapolados a partir de apenas alguns pontos de referência e simplesmente estimados a partir dos meios aquíferos. O mapeamento do risco de contaminação das águas subterrâneas é efectuado através de uma sobreposição de camadas que representam os diferentes indicadores nos modelos paramétricos. Teoricamente, era necessária uma sobreposição para cada indicador. No entanto, alguns dos indicadores estão frequentemente associados.

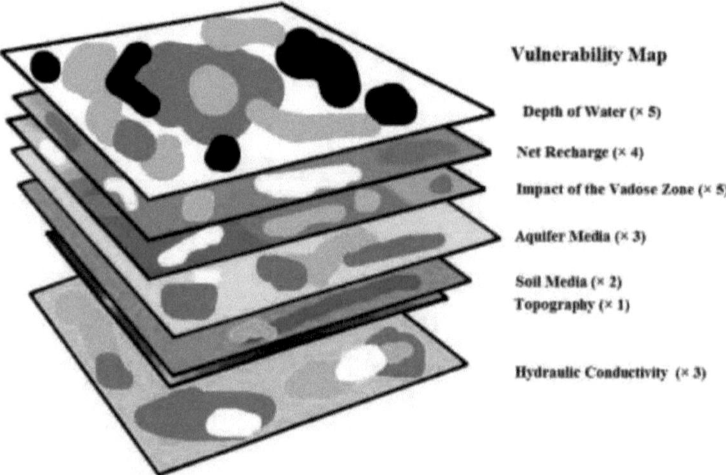

Fig. 11. Sobreposição de indicadores

O mapa de vulnerabilidade DRASTIC, de acordo com a norma clássica, fornece, por sua vez, resultados mais pormenorizados e muito diferentes dos outros métodos (Fig. 12). Os resultados mostraram que o potencial máximo de contaminação das águas subterrâneas da planície de Asadabad foi observado na zona central da planície. Além disso, havia áreas com baixo potencial na zona marginal da planície. Ambas as técnicas prospectaram o potencial de vulnerabilidade na planície de Asadabad com a mesma exatidão. Esta região é uma zona de elevada atividade agrícola com uma utilização intensa de fertilizantes químicos. O mapa DRASTIC resultante da sobreposição dos sete mapas temáticos apresenta três classes, como indicado na Fig. 12. A classe mais alta do Índice de Vulnerabilidade cobre 2,1% da superfície total na parte central da área de estudo (Tabela 8). Esta condição deve-se à elevada permeabilidade do aquífero, resultante da natureza dos sedimentos da zona vadosa. A combinação do aquífero era de aluviões e arenitos quaternários, recarga média, águas subterrâneas pouco profundas e condutividade hidráulica média. Isto resulta numa baixa capacidade de atenuação dos contaminantes. Por outro lado, a baixa vulnerabilidade, que representa 63,7% da superfície total de Asadabad, deve-se essencialmente às águas subterrâneas profundas, aos sedimentos da zona vadosa e à baixa permeabilidade, a que acresce a baixa condutividade hidráulica. Assim como a baixa taxa de recarga, assumimos que estas são as mesmas condições no caso da vulnerabilidade baixa, com menor grau de impacto para estes indicadores. A vulnerabilidade moderada representa 34,2% da área de estudo. O padrão de vulnerabilidade é ditado principalmente pela variação da permeabilidade e da zona vadosa (Aranyossy, 1991). A recarga e a profundidade das águas subterrâneas são dois indicadores que influenciam o grau de vulnerabilidade à poluição. Além disso, a classificação do mapa DRASTIC apresenta resultados diferentes. O método DRASTIC apresenta muito mais classes, pelo que é mais adequado para o nosso caso. Assim, concluímos que um estudo específico de vulnerabilidade utilizando o método DRASTIC modificado, especialmente em nitrato, era mais recomendado para este tipo de ambiente. Ajuda a proteger as zonas mais vulneráveis e a orientar os investidores para uma tomada de decisão.

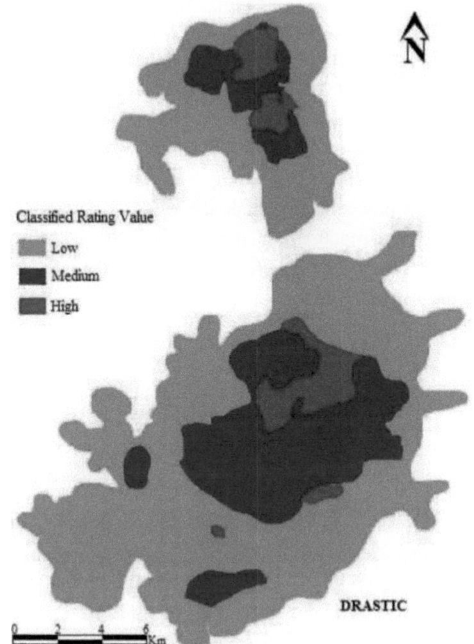

Fig. 12. Mapa de vulnerabilidade DRASTIC da área de estudo

Tabela 8. Critérios de avaliação do grau de vulnerabilidade no modelo DRASTIC

Vulnerability	Area (Km^2)	(%)
Low	189.82	63.7
Medium	101.9	34.2
High	6.25	2.1

Números pequenos indicam baixo potencial de vulnerabilidade e números grandes estão relacionados com as regiões que têm alto potencial de poluição (Fig. 13). Utilizando 20 pontos amostrados em setembro de 2014 e colocando-os num mapa DRASTIC. Foram extraídos os valores correspondentes a cada ponto. A correlação entre os valores DRASTIC e as concentrações de nitrato foi calculada com base no fator de correlação de Pearsons (Tabela 9). O fator de correlação foi de 63%, o que é relativamente elevado. Isto significa que o índice de vulnerabilidade intrínseca precisa de ser modificado de modo a mostrar uma avaliação realista do potencial de poluição na região. Neste método, a média mais elevada da concentração de nitratos foi correlacionada com a taxa mais elevada e as taxas de ponderação foram modificadas linearmente com base nesta relação. Neste método, as taxas de cinco camadas de atributos do modelo DRASTIC, que incluem a profundidade do lençol freático, a recarga líquida, a condutividade hidráulica, a zona vadosa e o meio do solo, foram alteradas em função da concentração média de nitratos. Quanto mais elevada for a concentração média, mais elevada será a taxa. A concentração média mais baixa foi escolhida para a taxa mais baixa e as restantes foram modificadas linearmente. A Tabela 10 (I -V) mostra o resultado desta medicação para cada parâmetro. O novo mapa DRASTIC foi calculado utilizando o novo sistema de classificação. Novamente, o fator de correlação de Pearson foi calculado e observou-se um aumento do fator até 70% (Tabela 11). O fator de correlação era agora estatisticamente significativo a um nível de confiança de 5%. Utilizando as novas taxas, foi desenvolvido um novo mapa DRASTIC que mostra que 2,1 por cento da área se enquadra na classe de vulnerabilidade elevada. Esta percentagem era de 2,5 antes da modificação. A área calculada foi de 34,2% e 58,19% para a classe moderada e, para a classe de vulnerabilidade baixa, 63,7% e 31,39%, respetivamente, antes e depois da aplicação das novas taxas. Estes resultados mostram um efeito claro da modificação. Para além disso, a fim de mostrar a distribuição espacial do índice antes e depois da modificação, os dois mapas foram comparados (Fig. 14).

Tabela 9. Factores de correlação entre a concentração de nitratos e o índice de vulnerabilidade original

Pearson's Correlation Coefficient	Number of Data	Factor
100%	20	Nitrate Concentration
63%		DARSTIC index

Quadro 10. Taxas de ponderação originais e modificadas baseadas na concentração de nitratos para os vários parâmetros hidrogeológicos (Al-Zabet 2002 e Aller et al., 1987)

(I)

Factor	Range	Original rating	Mean NO_3 concentration (mgl^{-1})	Modified rating
	0 – 1.5	10	5.31	10
	1.5 – 4.75	9	1.51	2.3
Depth to	4.75 – 9.14	7	2.19	5
groundwater	9.14 – 15.24	5	1.87	6.1
(m)	15.24 – 22.86	3	2.03	2.9
	22.86 – 30.48	2	2	1.4
	>30.48	1	1.65	1.1

(II)

Factor	Range	Original rating	Mean NO_3 concentration (mgl⁻	Modified rating

			^{1})	
Hydraulic conductivity (m/day)	0.4 – 4.1	1	1.7	1.23
	4.1 – 12.3	2	3.2	3.5
	12.3 – 28.7	4	4.21	6.3
	28.7 - 41	6	4.9	6

(III)

Factor	Range	Original rating	Mean NO_3 concentration (mgl^{-1})	Modified rating
Recharge (mm)	0 – 58.8	1	2	3.1
	50.8 – 101.6	3	2.81	2.5
	101.6 – 177.8	6	3.2	6.5
	177.8 254	8	3.51	8.1
	>254	9	4.7	9

(IV)

Factor	Range	Original rating	Mean NO_3 concentration (mgl^{-1})	Modified rating
Soil type	Clay loam	3	2.9	3
	Silty loam	4	5	4.3
	loam	5	3.1	5.2
	Sandy loam	6	2.8	5.4
	Shrinking	7	2.2	3.1
	Peat	8	9.41	10

(V)

Factor	Range	Original rating	Mean NO_3 concentration (mgl^{-1})	Modified rating
Impact of vadose zone	Silt/clay	3	4	3.1
	Silty sand clay	4	6.1	4.9
	Sandstone	5	3.2	2.8
	Sand and gravel w. silt	6	3.9	4.1
	coarse	8	9.3	8

Tabela 11. Factores de correlação entre a concentração de nitratos e o índice de vulnerabilidade modificado

Pearson's correlation coefficient	Number of data	Factor
100%	20	Nitrate index
70%		DRASTIC index

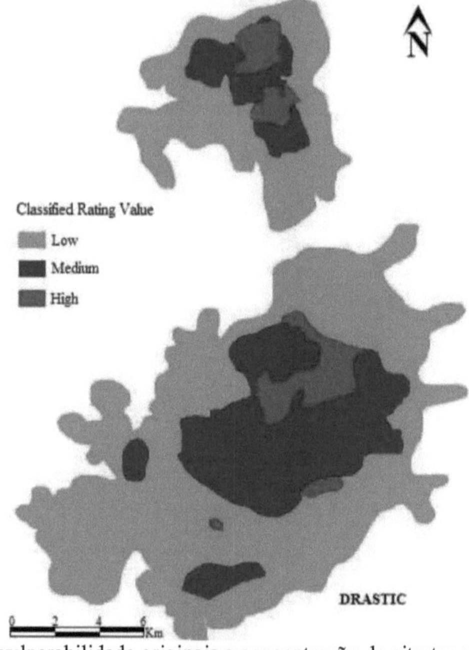

Fig. 13. Mapas de vulnerabilidade originais e concentração de nitratos para a área de estudo

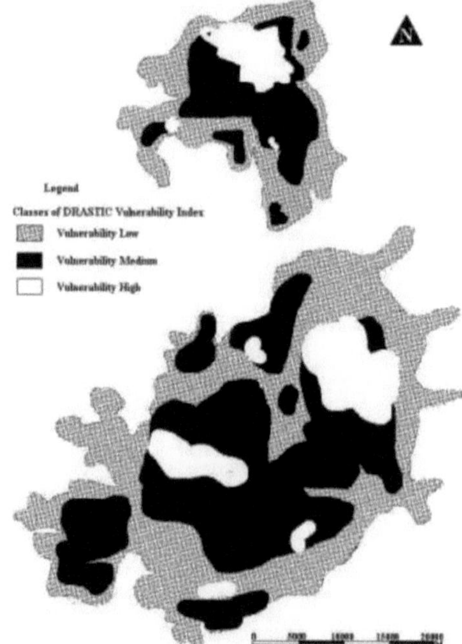

Fig. 14. Mapas de vulnerabilidade modificados (classificação por factores) e concentrações de nitratos

A avaliação da vulnerabilidade do aquífero de águas subterrâneas fornece uma base para medidas iniciais de proteção de recursos hídricos subterrâneos importantes e será normalmente o primeiro passo numa avaliação do perigo de poluição das águas subterrâneas e da sua qualidade, quando for de interesse. Este estudo destacou áreas de alta vulnerabilidade e de média vulnerabilidade, onde podem ser tomadas medidas especiais para melhorar a condição dos recursos hídricos subterrâneos, como locais para a recolha artificial de águas pluviais para restaurar o recurso descarregado, e também locais onde a contaminação pode causar danos invariáveis, podem ser evitados. As áreas destacadas devem ser monitorizadas extensivamente para análise posterior. O objetivo desta investigação foi avaliar o potencial de vulnerabilidade do aquífero Asadabad utilizando o método DRASTIC. A área do aquífero é essencialmente ocupada por zonas agrícolas caracterizadas por uma importante utilização de fertilizantes químicos que constituem, para além da descarga de zonas industriais, um risco permanente para a qualidade das águas subterrâneas; isto leva-nos a um estudo hidrológico e de vulnerabilidade tardio atribuído à melhoria da gestão dos recursos hídricos na área de estudo. A utilização das técnicas SIG para identificar os riscos de contaminação através da cartografia deve-se essencialmente à automatização de certas operações. As bases de dados que estão por detrás de todas as camadas podem ser actualizadas a qualquer momento. Além disso, a utilização do SIG facilita a visualização rápida de alguns elementos no mapa, selecionando-os a partir da tabela de atributos. Os mapas de vulnerabilidade, os dados de contaminação e a qualidade das águas subterrâneas podem ser utilizados com vista a uma avaliação rápida e correta do risco de poluição. Ao utilizar esta tecnologia, garante-se que a informação será utilizada de forma eficiente. A aplicação do modelo mostrou que as águas subterrâneas de Asadabad eram caracterizadas por graus de vulnerabilidade baixos a elevados. Os resultados de todos os métodos mostraram que o potencial máximo de contaminação das águas subterrâneas da planície de Asadabad foi observado na zona oeste e central da planície. De acordo com a análise de sensibilidade, a profundidade do lençol freático foi o parâmetro mais eficaz no potencial de vulnerabilidade. As águas são facilmente acompanhadas por vários elementos geoquímicos provenientes de pesticidas tóxicos e da sua utilização extensiva em terras agrícolas, bem como de águas residuais. Assim, nas zonas de alta vulnerabilidade, não devemos permitir actividades adicionais de alto risco, a fim de obter vantagens económicas e reduzir o risco de poluição ambiental.

Método GOD

O método GOD é um método empírico para a avaliação da vulnerabilidade à poluição dos aquíferos, desenvolvido na Grã-Bretanha; este método utiliza três indicadores: Litologia sobrejacente, profundidade da água subterrânea e ocorrência de água subterrânea. Podem ser atribuídos valores de 0 a 1 aos indicadores (Foster 1987). Para os modelos GOD utilizou-se a Eq. (2).

$$IGOD = C_i * C_a * C_p \tag{2}$$

Onde, C_i : Tipo de aquífero; C_a : Zona saturada e C_p : Profundidade. As Tabelas 12 - 14 mostram a classificação destes parâmetros (Foster 1987). Além disso, o mapa destes parâmetros é apresentado nas Figs. 15-17. A determinação do índice de vulnerabilidade GOD envolve a identificação do grau de confinamento do aquífero freático, quantificado por um valor no intervalo de 0,0 a 1,0, a caraterização litológica do horizonte localizado acima da zona saturada do aquífero, categorizado por um valor no intervalo de 0,4 a 1,0, e, finalmente, a estimativa da profundidade do lençol freático, convertida em valores no intervalo de 0,6 a 1,0. O índice é o produto dos valores anteriores, ou seja, GOD = Ocorrência de água subterrânea (G), Litologia geral do aquífero ou aquitard (O) e Profundidade do lençol freático (D). Os valores GOD são associados a uma escala qualitativa de vulnerabilidade.

Tabela 12 Intervalos e classificação para meios aquíferos

Range	Rating
None aquifer	0
Artesian	0.1
Confined	0.2
Semi-confined	0.3
Free with cover	0.4-0.6
Free with cover	0.7-1

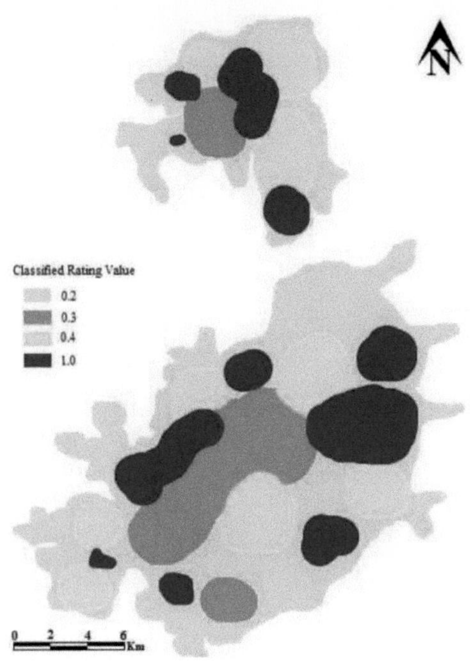

Fig. 15 Mapa dos valores dos parâmetros do meio aquífero

Quadro 13 Intervalos e classificação da profundidade até à água

Range	Rating
<2	1
2-5	0.9
5-10	0.8
10-20	0.7
20-50	0.6
50-100	0.5
>100	0.4

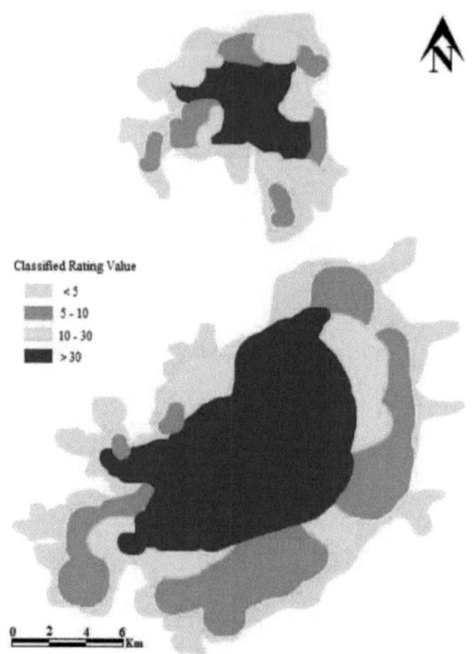

Fig. 16 Mapa dos valores dos parâmetros da profundidade da água

Tabela 14 Intervalos e classificação para a fita litológica

Range	Rating
Residual Soil	0.4
Limon alluvial; Loess; Shale, fine Limestone	0.5
Aeolian Sand; Siltite; Tufa; Igneous rock	0.6
Sand and gravel; Sandstone; Tufa	0.7
Gravel	0.8
Limestone	0.9
Fractured or karstic Limestone	1

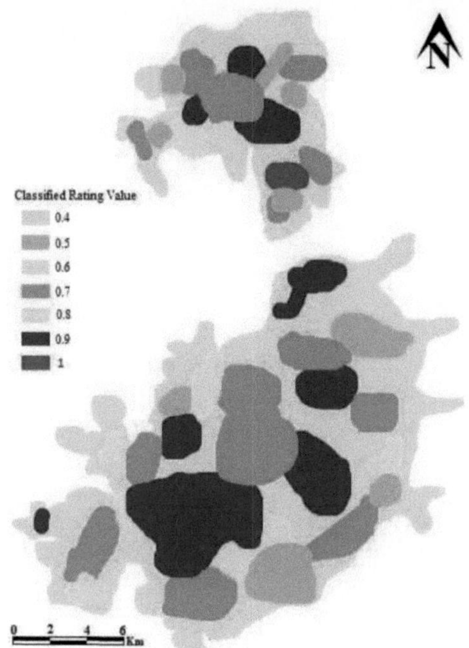

Fig. 17 Mapa dos valores dos parâmetros da fita litológica

Os dados utilizados para gerar o mapa do índice de vulnerabilidade são produzidos numa variedade de escalas. Através de uma função específica do software SIG, a função de sobreposição, os vários mapas para cada modelo de índice são combinados através da função de calculadora de mapas da extensão de análise espacial, resultando no mapa de vulnerabilidade das águas subterrâneas. Após o mapeamento de todos os indicadores, os mapas de vulnerabilidade foram obtidos através da sobreposição dos mapas individuais e do cálculo dos índices num mapa de grelha (Fig. 18). O índice de vulnerabilidade para cada célula da grelha foi calculado como a soma ponderada dos indicadores de acordo com a equação. A aplicação do modelo GOD indica que as zonas altamente vulneráveis estão contaminadas por poluentes. As zonas mais vulneráveis têm um índice entre 0,5 e 0,7 (Tabela 15). As zonas que têm um valor de índice entre 0,1 e 0,3 são as menos vulneráveis. A vulnerabilidade baixa e moderada representa 60,8 e 37,6%, respetivamente, da área de estudo.

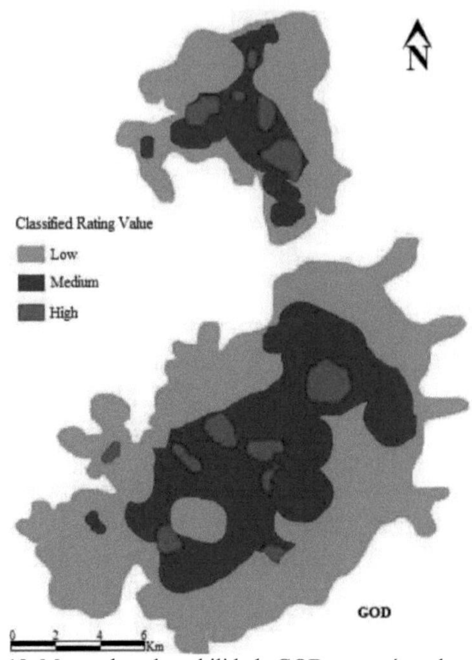

Fig. 18. Mapas de vulnerabilidade GOD para a área de estudo

Tabela 15. Critérios de avaliação do grau de vulnerabilidade no modelo GOD

Vulnerability	Area	
	(Km^2)	(%)
Low	181.18	60.8
Medium	112.04	37.6
High	4.78	1.6

Qualidade das águas subterrâneas

Foram recolhidas 30 amostras de água subterrânea na área de estudo em setembro de 2014. O mapa de localização das amostras na área de estudo é apresentado na Fig. 19. As amostras foram recolhidas de poços que eram amplamente utilizados para beber e para outros fins domésticos. As amostras foram recolhidas em garrafas de polietileno pré-limpas e esterilizadas com capacidade para dois litros. A profundidade dos poços variava entre 20 e 135 pés. As amostras de água subterrânea foram analisadas utilizando o procedimento APHA (2012), e foram tomadas as precauções sugeridas para evitar a contaminação (Rice et al., 2012). Os vários parâmetros determinados foram pH, CE (condutividade eléctrica), sólidos totais dissolvidos, dureza total, cálcio, magnésio, alcalinidade total, carbonato, bicarbonato, cloreto, sulfato, sódio, potássio, nitrato e fluoreto. O pH e a CE foram determinados por pH, medidor de condutividade, TDS por medidor de TDS, TH, Ca^{2+}, Mg^{2+}, $CO3^{2-}$, $HCO3^{-}$ e Cl^{-} foram estimados por titrimetria, enquanto Na^{+} e K^{+} por fotometria de chama (Systronics-128). O F foi calculado utilizando um elétrodo seletivo de iões (medidor de iões Orion 4 estrelas, modelo: pH/ISE). Todas as experiências foram efectuadas em triplicado e os resultados foram considerados reprodutíveis com um limite de erro de ± 3%.

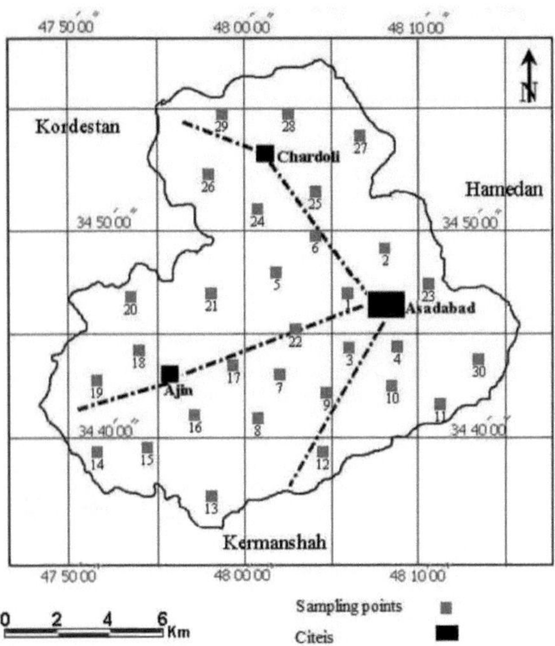

Fig. 19 Mapa de localização dos pontos de amostragem na área de estudo

O flúor é um elemento bastante comum, mas não ocorre no estado elementar na natureza devido à sua elevada reatividade. O flúor é o mais eletronegativo e reativo de todos os elementos que ocorrem naturalmente em muitos tipos de rocha. Existe sob a forma de fluoretos num certo número de minerais, dos quais o espatoflúor, a criolite, a fluorite e a fluorapatite são os mais comuns. A fluorite (CaF2) é um mineral de fluoreto comum. A maior parte do fluoreto encontrado nas águas subterrâneas é de origem natural, resultante da decomposição de rochas e solos ou da meteorização e deposição de partículas atmosféricas. A maior parte dos fluoretos são pouco solúveis e estão presentes nas águas subterrâneas em pequenas quantidades. A ocorrência de fluoreto nas águas naturais é afetada pelo tipo de rochas, condições climáticas, natureza dos estratos hidrogeológicos e tempo de contacto entre a rocha e a água subterrânea em circulação. A presença de outros iões, particularmente iões de bicarbonato e de cálcio, também afecta a concentração de fluoreto nas águas subterrâneas. É bem sabido que pequenas quantidades de flúor (menos de 1,0 mg/1) provaram ser benéficas na redução da cárie dentária. Os abastecimentos comunitários de água são normalmente tratados com NaF ou fluorossilicatos para manter os níveis de flúor entre 0,8 e 1,2 ppm para reduzir a incidência de cáries dentárias. No entanto, concentrações elevadas, tais como 1,5 mg/1 de F' e superiores, resultaram na coloração do esmalte dentário, enquanto que a níveis ainda mais elevados de fluoreto, entre 5,0 e 10 mg/1, podem ocorrer outras alterações patológicas, tais como rigidez das costas e dificuldade em efetuar movimentos naturais. As Normas de Qualidade da Água Potável do Irão (DWQS!) recomendaram um limite superior desejável de 1,0 mg/1 de F⁻ como concentração desejável de fluoreto na água potável, que pode ser alargado a 1,5 mg/1 de F' caso não exista uma fonte alternativa de água disponível (DWQS1, 2012). A água com uma concentração de fluoreto superior a 1,5 mg/1 não é adequada para consumo (Todd, 1980).

A água contém muitos minerais como $NO3^-$, Ca^{+2} , Mg^{+2} e F" etc. Neste flúor essencial em quantidades mínimas para a mineralização normal dos ossos e dentes (para a formação do esmalte dentário), o flúor estimula o crescimento de muitas espécies de plantas mas, por outro lado, quando o flúor é absorvido em quantidade excessiva pode revelar-se tóxico para as plantas e, na alimentação, pode ser tóxico para os animais e para o homem como fluorose. A concentração de fluoreto na água potável é importante para a saúde pública. O flúor contribui para a saúde dentária e para a manutenção de uma densidade óssea adequada. As águas subterrâneas com alta e baixa concentração de fluoreto encontram-se em muitas partes do mundo. A fluorose é endémica em vários países: Sri Lanka, Holanda, índices ocidentais, Etiópia, China, Espanha, África do Sul e Itália, etc. As pessoas de diferentes regiões da Índia também são gravemente afectadas pela fluorose. Um inventário da concentração de fluoreto nas águas subterrâneas potáveis é importante para travar a propagação da fluorose (Sunitha et al., 2012).

A contaminação das águas subterrâneas com nitratos é um problema global. Numerosos estudos documentaram a extensão do problema e a relação entre as actividades agrícolas e a lixiviação de $NO3^-$ em aquíferos pouco profundos (por exemplo, Spaldmg e Exner, 1993, Stuart et al., 1994, Pukett et al., 1999, Nolan e Stoner, 2000; Nolan, 2001). Níveis elevados de nitrato nas águas subterrâneas não só podem ser um bom indicador de contaminação das águas subterrâneas, como também podem levar a problemas de saúde animal e humana (Mjemah et al., 2011; Mjemah et al., 2012; Mtoni, 2013). A fonte mais importante de nitrato é a oxidação biológica de substâncias orgânicas azotadas provenientes de esgotos e de resíduos industriais ou produzidas indigenamente nas águas. Os esgotos domésticos contêm quantidades muito elevadas de compostos azotados (Trivedi e Vediya, 2012). As escorrências dos campos agrícolas são igualmente ricas em nitratos. Quantidades elevadas de nitratos são geralmente indicativas de poluição por esgotos. Os níveis de nitratos superiores a 100 mg/1 são motivo de grande preocupação devido à metamoglobinemia, também chamada doença do bebé azul. Esta doença faz com que a pele se torne azul devido à diminuição da eficiência da hemoglobina para se combinar com o oxigénio. No sector pecuário, a elevada concentração de nitratos causa mais mortalidade em suínos e vitelos e aborto em animais de criação. O efeito benéfico dos nitratos na produção vegetal tem sido registado especialmente em águas salobras. Verificou-se que a presença de iões K&NO3' em quantidades apreciáveis contraria parcialmente o efeito da salinidade e dos riscos de sódio da irrigação no crescimento das culturas. O ião nitrato é a forma comum de azoto combinado que se encontra nas águas naturais. Pode ser bioquimicamente reduzido a nitrito por processos de desnitrificação, geralmente em condições anaeróbias. O ião nitrito é rapidamente oxidado a nitrato. As fontes naturais de nitrato para as águas de superfície incluem rochas ígneas, drenagem de terras e detritos de plantas e animais. O nitrato é um nutriente essencial para as plantas aquáticas e as flutuações sazonais podem ser causadas pelo crescimento e decomposição das plantas (Hagebro, 1983; Roberts e Marsh, 1987; Mamatha e Rao, 2010; Trivedi e Vediya, 2012).

As concentrações naturais, que raramente excedem 0,1 mg/1 de NOs'N, podem ser aumentadas por águas residuais municipais e industriais, incluindo lixiviados de locais de eliminação de resíduos e aterros sanitários (Chapman, 1996; Mamatha e Rao, 2010). Nas zonas rurais e suburbanas, a utilização de fertilizantes inorgânicos à base de nitratos pode ser uma fonte significativa. Quando influenciadas por actividades humanas, as águas de superfície podem ter concentrações de nitratos até 5 mg/1 NOs'N, mas frequentemente inferiores a 1 mg/1 NOs'N. Concentrações superiores a 5 mg/1 NOs'N indicam geralmente poluição por dejectos humanos ou animais, ou escoamento de fertilizantes. Em casos de poluição extrema, as concentrações podem atingir 200 mg/1 NO3-N. O limite máximo recomendado pela Organização Mundial de Saúde para o NO3- na água potável é de 50 mg/1 e as águas com concentrações mais elevadas podem representar um risco significativo para a saúde (Fawell e Bailey, 2006). Concentrações de nitrato superiores a 0,2 mg/1 de NOs'N tendem a estimular o crescimento de algas e indicam possíveis condições eutróficas. O nitrato ocorre naturalmente nas águas subterrâneas como resultado da lixiviação do solo, mas em zonas de elevada aplicação de fertilizantes azotados pode atingir concentrações muito elevadas (500 mg/1 NOs'N). Nalgumas zonas, os aumentos acentuados das concentrações de nitratos nas águas subterrâneas nos últimos 20 ou 30 anos têm estado relacionados com o aumento da aplicação de fertilizantes, especialmente em muitas das regiões agrícolas tradicionais da Europa (Hagebro et al., 1983; Roberts e Marsh, 1987). O aumento da aplicação de fertilizantes não é, contudo, a única fonte de lixiviação de nitratos para as águas subterrâneas. A lixiviação de nitratos dos prados não fertilizados ou da vegetação natural é normalmente mínima, embora os solos dessas áreas contenham matéria orgânica suficiente para serem uma grande fonte potencial de nitratos (devido à atividade das bactérias nitrificantes no solo) (Saxena e Ahmed, 2001). Quando se procede à limpeza e à lavoura para cultivo, o aumento do arejamento do solo aumenta a ação das bactérias nitrificantes e a produção de nitrato no solo. Os resultados mostram as elevadas concentrações de nitratos em algumas aldeias. Os nitratos são um dos parâmetros importantes, uma vez que estão diretamente relacionados com a flora e a fauna. Afecta o ser humano causando Metamoglobinemia ou doença do bebé azul.

O sulfato (SO4) ocorre naturalmente nas águas subterrâneas através da meteorização de minerais de sulfato e sulfureto, como o gesso, a anidrite ou a pirite. O sulfato é comum nas águas subterrâneas da área de estudo e, portanto, não é considerado um bom indicador de poluição de fonte não pontual. As fontes antropogénicas de sulfato incluem a combustão de combustíveis e a fundição de minério. O DWQSI para o sulfato é de 250 mg/1 e concentrações mais elevadas podem conferir odor e sabor indesejáveis e podem ter um efeito laxante (DWQSI, 2012). Os valores de pH abaixo de 7 são ácidos e representam concentrações mais elevadas de iões de hidrónio, enquanto os valores acima de 7 são alcalinos e representam concentrações mais baixas de iões de hidrónio (Domenico e Schwartz, 1990). O pH da água pode afetar a sua qualidade global no que diz respeito à sua corrosividade, à capacidade de dissolver materiais, ao seu sabor e à sua utilidade global para funções industriais. O intervalo normal de pH para sistemas aquáticos é de 6 a 9 e o DWQSI para água potável, definido pela EPA dos EUA, é de 6,5 a 8,5 (DWQSI, 2012). A análise de TDS mede o resíduo remanescente de uma amostra de água após filtração através de um filtro de 1,5 pm e evaporação da amostra num forno a 180° C. O resíduo remanescente representa o TDS (em mg/1) na amostra original. A medição dos TDS pode fornecer uma indicação geral da qualidade da água. No entanto, como os parâmetros individuais não são identificados, a sua utilidade para este fim é limitada. O DWQSI para TDS é de 500 mg/1 e níveis mais elevados podem conferir sabor ou odor inaceitáveis (DWQSI, 2012). Os TDS foram detectados em todas as 238 análises de amostras para este estudo. Os valores de TDS variaram de 102 mg/1 a 872 mg/1. O valor mediano de TDS foi de 286 mg/1 e nenhum dos locais de amostragem apresentou um valor mediano acima do DWQSI (DWQSI, 2012).

A salinidade é a salinidade ou o conteúdo de sal dissolvido de uma massa de água. O teor de sal é um fator importante na utilização da água. A salinidade pode ser tecnicamente definida como a massa total, em gramas, de todas as substâncias dissolvidas por quilograma de água. Diferentes substâncias dissolvem-se na água, dando-lhe sabor e odor. De facto, os seres humanos e outros animais desenvolveram sentidos que são, até certo ponto, capazes de avaliar a potabilidade da água, evitando água demasiado salgada ou pútrida. A salinidade existe sempre nas águas subterrâneas, mas em quantidades variáveis. É influenciada principalmente pelo material do aquífero, pela solubilidade dos minerais, pela duração do contacto e por factores como a permeabilidade do solo, as instalações de drenagem, a quantidade de precipitação e, acima de tudo, o clima da zona. O cloreto está presente em todas as águas naturais, maioritariamente em baixas concentrações. É altamente solúvel em água e move-se livremente com a água através do solo e das rochas. Nas águas subterrâneas, o teor de cloreto é, na sua maioria, inferior a 250 mg/1, exceto nos casos em que prevalece a salinidade no interior e nas zonas costeiras. O DWQSI recomendou um limite desejável de 250 mg/1 de cloreto na água potável; este limite de concentração pode ser alargado a 1000 mg/1 de cloreto caso não exista uma fonte alternativa de água com a concentração desejável (DWQSI, 2012). No entanto, as águas subterrâneas com concentração de cloreto superior a 1000 mg/1 não são adequadas para fins de consumo.

Os resultados são apresentados no Quadro 16. Foram analisados vários parâmetros físico-químicos, como o pH, a condutividade eléctrica, a alcalinidade total, a dureza total, bem como o cálcio, o magnésio, o sódio, o potássio, o cloreto, o nitrato, o carbonato e o bicarbonato, com a determinação das concentrações de fluoreto. Em geral, a água subterrânea não tinha cor, odor e turvação, exceto em algumas amostras. O pH varia de 7,4 a 8,3, com uma média de 7,9, indicando uma condição alcalina que favorece a solubilidade dos minerais portadores de flúor (Tabela 17). Em meio ácido (pH ácido), o fluoreto é adsorvido na argila; no entanto, em meio alcalino é dessorvido, e assim o pH alcalino é mais favorável à atividade de dissolução do fluoreto. A condutividade eléctrica das águas subterrâneas varia entre 371 µs/cm e 704 µs/cm. A concentração elevada de condutividade eléctrica pode ser creditada à elevada salinidade e ao elevado conteúdo mineral. O total de sólidos dissolvidos, um indicador de salinidade para a classificação das águas subterrâneas, varia de 237 mg/1 a 457 mg/1 na área de estudo. O teor de bicarbonato varia de 201,3 mg/1 a 298,9 mg/1. O teor de cálcio na água subterrânea da área de estudo varia de 36 mg/1 a 68 mg/1 e o valor de sódio da água subterrânea varia de 6,67 mg/1 a 68,54 mg/1.

Muitos investigadores observaram uma forte correlação negativa entre Ca^{2+} e F' nas águas subterrâneas que contêm Ca^{2+} em excesso do necessário para a solubilidade dos minerais de fluoreto. As concentrações de magnésio, cloreto e sulfatos foram de 19,59, 18,75 e 31,95 mg/1, respetivamente. O excesso de cloretos tem um sabor amargo na água, corroendo o aço e podendo causar problemas cardiovasculares. O valor da dureza varia entre 135 mg/1 e 300 mg/1. O elevado valor da dureza total na água de abastecimento pode provocar a corrosão das tubagens, resultando na pressão de certos metais pesados como o cádmio, o cobre, o chumbo e o zinco na água de consumo. A concentração elevada de nitratos, de 9,6 mg/1 a 33 mg/1, que excede os limites admissíveis de 45 mg/1 recomendados pela OMS, não foi registada nas amostras não limitadas (Fawell e Bailey, 2006). É bem conhecido que os fertilizantes azotados são uma das fontes importantes de nitratos nas águas subterrâneas nas últimas duas décadas. Muitos investigadores referiram que a contribuição de nitratos provenientes de fertilizantes para as águas subterrâneas pode variar entre 3 mg/1 e 1800 mg/1. Outros materiais azotados são raros no sistema geológico. Altas concentrações de NO3' podem causar uma condição sanguínea potencialmente fatal conhecida como metahemoglobinemia, que afecta especialmente os bebés (Fawell e Bailey, 2006).

Quadro 16 Dados analíticos das análises químicas das águas subterrâneas na zona de estudo

TH	NO_3^- mg/l	F^- mg/l	K^+ mg/l	Na^+ mg/l	Mg^{2+} mg/l	Ca^{2+} mg/l	SO_4^- mg/l	Cl^- mg/l	HCO_3^- mg/l	PH	TDS	EC µs/cm	No
190	33	0.341	0.391	9.43	18.3	50	25	14.2	201.3	8.05	280.3	438	1
175	27.3	0.32	0.391	19.78	15.86	42	7.2	16	231.8	7.8	262.4	410	2
200	31.7	1.03	0.391	13.34	22	52	28.8	17.8	225.7	8.2	301.4	471	3
150	30.1	0.305	0.391	15.87	13.42	38	2.88	14.2	201.3	7.83	237.4	371	4
195	29.7	0.531	0.391	12.42	23.18	48	31.2	26.6	201.3	8	299.5	468	5
155	24.2	0.361	0.782	31.74	12.2	44	28.8	14.2	213.5	8.2	270.7	423	6
200	22.3	0.417	0.782	40.94	18.3	42	41.28	21.3	244	7.8	369.3	577	7
205	18.5	0.376	0.391	17.71	17.08	54	9.6	14.2	250.1	7.8	311.7	487	8
300	19.5	0.272	0.391	43.7	24.4	38	64.8	17.8	231.8	8	355.2	555	9
180	20.4	0.382	0.782	68.54	26.84	38	76.8	39.1	256.2	7.95	457.6	704	10
200	19.6	0.368	0.391	15.41	19.52	50	14.4	21.3	244	7.84	311.7	487	11
205	18.1	0.203	0.391	36.57	23.18	48	69.6	23.1	237.9	8.1	378.2	591	12
200	19.8	0.552	0.391	34.96	21.96	50	43.2	21.3	256.2	8	368.6	576	13
185	16.7	0.392	0.391	11.73	18.3	68	26.4	21.3	250.1	7.85	329.6	515	14
200	14.3	0.377	0.391	17.02	20.74	42	6.24	14.2	237.9	7.8	291.2	455	15
190	10.5	0.264	0.782	11.5	20.74	60	33.6	16	244	8.2	323.2	505	16
135	16.3	0.289	0.782	27.83	18.3	36	21.12	17.8	213.5	8	291.8	456	17
210	13.5	0.261	0.391	60.26	14.64	60	77.28	23.1	268.4	8.3	418.6	654	18
185	9.6	0.32	0.391	27.37	15.86	60	16.8	17.8	274.5	7.99	358.4	560	19
240	12.7	0.28	0.391	6.67	19.52	42	14.4	12.4	201.3	7.88	266.9	417	20
200	13.1	0.371	1.173	13.11	25.62	54	36.96	14.2	268.4	7.66	347.5	543	21
205	14.4	0.833	0.782	12.65	18.3	50	20.64	14.2	231.8	7.65	295	461	22

275	15.1	0.204	0.782	37.49	20.74	58	41.28	21.3	298.9	7.4	384.6	601	23
185	13.3	0.483	0.78	68.52	26.84	39	76.8	39.1	256.7	7.95	457.6	704	24
190	14.3	0.205	0.782	31.7	12.2	45	28.6	14.2	213.5	8.2	270.7	423	25
190	16.2	0.362	0.391	13.34	23	52	28.5	17.8	225.7	8.1	301.4	480	26
185	13.5	0.338	0.392	15.88	13.4	38	2.87	14.2	201.3	7.83	237.4	371	27
210	14.7	0.294	0.393	6.69	19.5	41	14.5	12.4	201.3	7.83	266.9	420	28
165	17.4	0.209	1.173	13.13	25.62	56	36.9	14.2	268.4	7.67	347.5	554	29
195	16.2	0.277	0.372	28.3	18.4	37	32.1	17.3	201.4	7.4	287	548	30

As concentrações de fluoreto na área de estudo variaram entre 0,203 e 33 mg/1, como mostra a Fig. 20. A OMS sugeriu um limite máximo admissível de fluoreto de 1,5 mg/1 na água potável (Fawell e Bailey, 2006). Nenhuma das amostras da área de estudo excedeu os limites permitidos de fluoreto. A concentração de fluoreto nas águas naturais depende de vários factores, tais como a temperatura, o pH, a presença ou ausência de complexos iónicos ou a precipitação de iões e colóides, a solubilidade dos minerais que contêm flúor, a capacidade de troca aniónica dos materiais aquíferos para o flúor, o tamanho e o tipo de formações geológicas através das quais a água flui e o tempo que a água está em contacto com uma determinada formação. Os controlos são principalmente regidos pelo clima, pela composição da rocha hospedeira e pela hidrogeologia. As zonas de clima semiárido, rochas cristalinas e solos alcalinos são as mais afectadas.

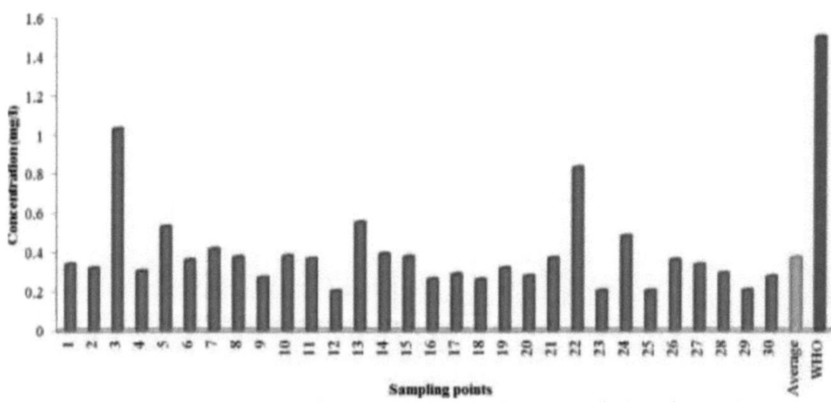

Fig. 20 Concentração de fluoreto nas águas subterrâneas da área de estudo

Os resultados mostram que a concentração de nitratos nas águas subterrâneas de Asadabad varia entre 9,6 e 33 mg/1 (Fig. 21). Estes valores podem ser atribuídos a várias actividades humanas, incluindo o saneamento no local nos centros urbanos e as actividades agrícolas nas zonas rurais. Além disso, há alguns sinais de aumento da concentração de nitratos nas águas subterrâneas ao longo do tempo em algumas zonas, em resposta ao aumento das actividades humanas. Para que a área possa abordar adequadamente a questão da contaminação das águas subterrâneas, são necessários movimentos deliberados para determinar a concentração de nitratos nas águas subterrâneas, bem como a proteção das bacias de recarga e a melhoria dos sistemas de saneamento no local.

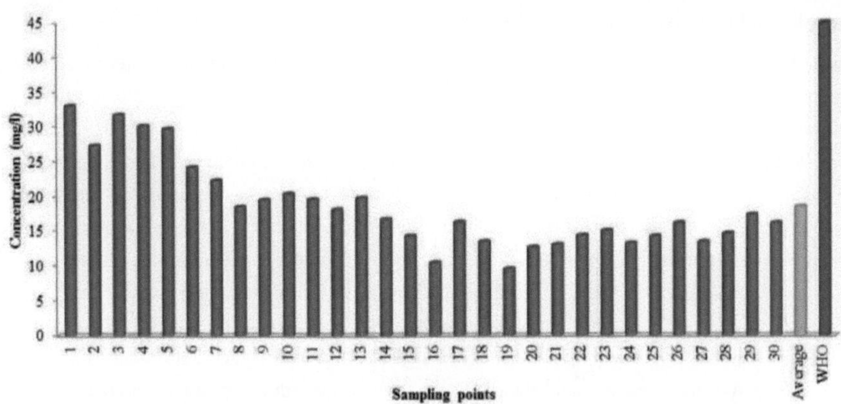

Fig. 21 Concentração de nitratos nas águas subterrâneas da zona de estudo

Tabela 17 Cálculo de alguns dos parâmetros analisados na área pretendida

TH	NO_3^- mg/l	F^- mg/l	K^+ mg/l	Na^+ mg/l	Mg^{2+} mg/l	Ca^{2+} mg/l	SO_4^- mg/l	Cl^- mg/l	HCO_3^- mg/l	PH	TDS	EC µs/cm	Parameters
196.6	18.53	0.37	0.55	25.4	19.5	47.7	31.9	18.7	235.07	7.9	322.6	507.5	Average
300	33	1.03	1.173	68.54	26.84	68	77.28	39.1	298.9	8.3	457.6	704	Max
135	9.6	0.203	0.372	6.67	12.2	36	2.87	12.4	201.3	7.4	237.4	371	Min
31.9	6.31	0.17	0.24	17.2	4.18	8.4	21.9	6.6	26.6	0.22	58.03	88.6	STDEV

Apesar dos valores económicos, sociais e culturais associados às águas subterrâneas, não sabemos quase nada sobre a estrutura e o funcionamento dos ecossistemas de águas subterrâneas, e o nosso conhecimento sobre a biodiversidade das águas subterrâneas está muito aquém do de todos os outros ecossistemas de água doce. Consequentemente, consideramos improvável que os gestores de recursos tenham os conhecimentos e as ferramentas necessárias para identificar e proteger eficazmente os valores da biodiversidade das águas subterrâneas e os processos dos ecossistemas. Esta lacuna de conhecimento é crítica, porque os ecossistemas de águas subterrâneas estão ameaçados por uma série de impactos humanos diretos e indirectos, incluindo o consumo insustentável de recursos hídricos subterrâneos, a intensificação do uso do solo e a troca de contaminantes (por exemplo, pesticidas e nutrientes) entre a terra e os aquíferos. Existe também o risco de que o aumento da procura de água leve a que se dê prioridade ao consumo de água subterrânea em detrimento dos serviços ecossistémicos menos tangíveis, mas muito importantes, que a água subterrânea proporciona. As águas subterrâneas que foram retiradas de vários locais da zona ocidental do distrito de Hamadan e arredores foram analisadas e a análise relata que os parâmetros de qualidade da água como pH, CE, Cl^- , SO_4^{2-} , TDS, Ca^{2+} ,Mg^{2+} , dureza total e adequação para fins de consumo, com especial referência ao flúor. A maior parte das amostras de água cumprem as normas de qualidade da água.

Índice de qualidade da água

Atualmente, a qualidade da água potável é determinada apenas pela ausência ou presença de certas substâncias indesejáveis estritamente limitadas. A disponibilidade e a qualidade das águas subterrâneas, bem como da água potável, serão as principais questões ambientais e sociais no futuro. A monitorização da qualidade da água e a tomada de decisões com base nos dados obtidos é uma tarefa complexa e multidimensional para os decisores. A razão básica de um trabalho tão pesado e exigente são as incertezas que ocorrem em todas as etapas, desde a amostragem até à análise. Os conjuntos de dados monitorizados e os limites não devem ser conjuntos nítidos, mas sim conjuntos difusos (Dahiya et al., 2007). Na modelação de problemas ambientais complexos, os investigadores não conseguem frequentemente definir declarações precisas sobre os dados de entrada e os resultados dos contaminantes, mas a lógica difusa pode ajudar a dominar esta indecisão lógica. A lógica difusa pode ser considerada como uma linguagem que permite traduzir afirmações sofisticadas da linguagem natural para um formalismo matemático. A lógica difusa pode lidar com dados ou conhecimentos altamente variáveis, linguísticos, vagos e desconhecidos e, por conseguinte, tem a capacidade de permitir um fluxo de informação lógico, válido e transparente desde a recolha de dados até à sua utilização num sistema de aplicação ambiental. A lógica difusa fornece uma estrutura para modelar a indecisão, a forma humana de pensar, o raciocínio e o processo de perceção (Bai, 2009). Os resultados sobre a qualidade da água obtidos utilizando o índice desenvolvido com base na teoria dos conjuntos difusos foram considerados mais úteis do que os derivados do método do indicador de qualidade da água atualmente utilizado (Roveda, 2010).

A teoria dos conjuntos difusos (Zadeh, 1965) foi criada para lidar com problemas de incerteza. Tem sido amplamente aplicada em processos de decisão e avaliação em situações incorrectas (Mujumdar e Sashikumar, 2002; Dahiya et al., 2007). Nas últimas duas décadas, foram citadas muitas aplicações da teoria dos conjuntos difusos, como a remediação de águas superficiais e subterrâneas (Cheng et al., 2002; Nasiri et al., 2007a; Tzionas et al., 2004), a gestão da poluição atmosférica (Fisher, 2003), a modificação do solo (Busscher et al., 2007) e diversos estudos ambientais do ar, da água e do ecossistema terrestre (Astel, 2007). Foi desenvolvida uma abordagem de avaliação baseada na lógica difusa e na teoria dos conjuntos difusos, que demonstrou ser eficaz na resolução de problemas de limites difusos e no controlo do efeito dos erros de monitorização nos resultados da avaliação (Wang, 2002). O modelo de avaliação baseado na lógica difusa e na teoria dos conjuntos difusos pode ser utilizado para descrever o carácter difuso dos limites classificados para a qualidade da água e pode refletir a qualidade real da água no objetivo (Istrate e Grigoras, 2010; Pislaru et al., 2011). A avaliação da qualidade da água dos rios tem sido amplamente estudada nos últimos anos (Benchea et al., 2011; Graça et al., 2002; Yilmaz, 2007; Liu et al., 2010). No entanto, o desacordo surge frequentemente devido a: a) Falta de distinções claras entre cada parâmetro de qualidade da água; b) Amostras curtas e informação incompleta; c) Incerteza nos critérios de qualidade utilizados; d) Imprecisão, imprecisão ou imprecisão nos valores de saída da decisão (William et al., 2006). Isto causou alguns casos de avaliação não fiável da qualidade da água do rio na prática.

Além disso, com a lógica difusa, é possível descrever a qualidade da água num local como sendo 10% excelente e 90% apenas boa, o que não é possível com a clássica qualidade da água. A utilização da lógica difusa é muito conveniente na avaliação de questões ambientais porque pode resolver corretamente as ambiguidades e a individualidade inerentes a estes problemas. Também apoia a conciliação de observações contraditórias devido à perícia humana e, por último, mas não menos importante, pode fornecer aos decisores a capacidade de tomar decisões bem informadas que são tecnicamente sólidas e legalmente defensáveis. As regras são derivadas automaticamente com base no número de variáveis, bem como no número de funções de associação e no método de agregação utilizado. Neste trabalho, é introduzido um método fácil de utilizar, que simplifica a geração de funções de afiliação convenientes com base numa composição de normas já nomeadas, combinando limiares de qualidade da água de forma automática. Para qualquer indicador dado, os valores de limiar de qualidade são resolutos em ambas as normas; as funções de membro triangulares e trapezoidais são então derivadas automaticamente com base na decussação da distância e na incorporação linear.

Recentemente, Gharibi et al. (2012) desenvolveram um FWQI, para o qual os indicadores de qualidade da água eram práticos e fáceis de medir, incluindo metais pesados, e utilizaram o índice para reconhecer a qualidade da água na barragem de Mamloo para fins de consumo. Também Lu et al. (1999); Chang et al. (2001) estudaram a possibilidade de aplicar a Avaliação Sintética Fuzzy à qualidade da água. Uma nova abordagem foi efectuada por Nasiri et al. (2007b); os autores propuseram um sistema fuzzy de apoio à decisão multi-atributo para calcular o índice de qualidade da água e delinear a priorização de planos alternativos com base na extensão das melhorias na qualidade da água.

Ocampo-Duque et al. (2006) utilizaram a lógica difusa e um método abrangente de tomada de decisão multi-atributo baseado no Processo de Hierarquia Analítica para avaliar a importância relativa do índice de qualidade da água. Um procedimento de 6 passos para desenvolver um índice de qualidade da água difuso foi descrito em Icaga (2007) e foi aplicado à água do lago. Mahapatra et al. (2011) utilizaram um sistema de inferência fuzzy em cascata para conceber um índice de qualidade da água com várias entradas e saídas. Num estudo, Shen et al. (2005) utilizaram o método de avaliação abrangente difusa para poluir e avaliar a qualidade ambiental do solo da bacia hidrográfica do lago Taihu. Liou et al. (2003) aplicaram uma teoria de conjuntos difusos em duas fases à avaliação da qualidade dos rios em Taiwan. Lermontov et al. (2009); Roveda et al. (2010) desenvolveram índices fuzzy de qualidade da água para rios brasileiros e compararam seu desempenho com os índices convencionais de qualidade da água. Uma abordagem diferente, baseada em modelos híbridos fuzzy-probabilidade, foi adoptada em Ocampo-Duque et al. (2013); Nikoo et al. (2011). Os índices de qualidade da água têm como objetivo transformar vários indicadores complexos num único valor sintetizado que caracterize a qualidade da água de uma determinada fonte e que seja inteligível por um vasto público, incluindo não especialistas, como os decisores ou o público e os decisores políticos (Tyagi, 2013). A lógica difusa tem mostrado um bom desempenho na modelação de novos índices de qualidade da água. Num trabalho recente, Wang et al. (2014) utilizaram um conjunto de variáveis difusas e a teoria da entropia da informação como modelo de avaliação da qualidade da água da bacia do lago Meiliang Bay Taihu na China. Noutro estudo de Sadiq e Tesfamariam (2008), foi utilizado um operador de média ponderada para a agregação no desenvolvimento do índice de qualidade da água.

A avaliação da qualidade da água dos rios é um dos problemas de segurança dos recursos hídricos no Irão. Nos rios e riachos do Irão, a qualidade da água está a tornar-se cada vez mais relevante devido ao valor substancial dos poluentes descarregados nestes ecossistemas, na maioria dos casos sem qualquer tratamento. As medições e análises são efectuadas regularmente por várias administrações públicas. No entanto, estas análises continuam a ser insuficientes, tendo em conta a variedade das substâncias químicas e a diversidade das fontes de poluição. Recentemente, foram desenvolvidos esforços consideráveis no Irão para melhorar a qualidade da água. Um conjunto simplificado de indicadores realistas e fáceis de medir é efetivamente utilizado no índice convencional para estimar a qualidade da água dos rios. Noutros indicadores, as técnicas utilizadas para avaliar esses indicadores são complicadas, dispendiosas ou demoradas, o que resulta na sua exclusão da avaliação final da qualidade da água. Nesta fase de recuperação da avaliação da qualidade da água através do aumento dos limiares, a fim de ter em conta a poluição real da água, o indicador ainda precisa de ser recuperado para ter em consideração a contaminação por metais pesados. Para este efeito, foi selecionado o indicador global de qualidade da água do Quebeque (Hebert, 1997). É necessário atualizar a legislação iraniana sobre a qualidade da água para incluir um novo indicador. Este índice deve ter em conta a utilização de indicadores com causas diretas na saúde humana e animal, bem como limiares de avaliação. O IQBP é análogo ao índice de qualidade da água convencional do Irão. Tanto o IRWQI como o IQBP avaliam a qualidade da água com base numa série de índices bacteriológicos e físico-químicos, e fornecem classes de qualidade da água para múltiplas aplicações. São também semelhantes em termos do método de avaliação utilizado, que se baseia no "operador mínimo" que atribui o índice de qualidade mais baixo à qualidade global da água num determinado local. No entanto, a abordagem utilizada para conceber o indicador IQBP baseou-se num grupo de trinta peritos em qualidade da água e profissionais de diferentes horizontes a quem foi conferida correspondência com o método Delphi (Tinstone e Turoff, 1975).

Uma rápida comparação entre os valores-limite do indicador de qualidade da água iraniano e os utilizados no Quebeque revela uma grande disparidade entre as duas normas. Neste documento, a metodologia difusa é utilizada para criar um indicador de qualidade da água, que designaremos por IFWQI (Iran Water Quality Index), através da combinação das normas do Irão e do Quebeque. Nos estudos supramencionados sobre o índice difuso, a geração de funções de associação é geralmente feita com base em opiniões de peritos e, por conseguinte, continua a ser difícil de manter ou atualizar, uma vez que requerem sempre um conselho de peritos. As funções de afiliação para os diferentes índices de qualidade da água foram desenvolvidas tendo em conta os limites de ambos os organismos reguladores da água. Foi utilizado um sistema de conclusões difusas para distinguir a qualidade da água com um grau de filiação no número de estações ao longo da bacia em estudo.

A fim de reconhecer o índice difuso proposto, foi realizado um estudo de caso da qualidade da água utilizando dados ambientais medidos em cada local de amostragem da rede de monitorização da bacia de Qarah-chai, recolhidos durante duas campanhas primárias em março e janeiro e mais duas campanhas completas que tiveram lugar em dezembro e maio nas suas redes de águas superficiais primárias e secundárias. O número total de análises efectuadas durante o período de estudo para as águas superficiais foi de 39, sendo a localização da estação de amostragem de Qarah-chai indicada na Fig. 22. Todas as medições foram efectuadas de acordo com métodos normalizados. Como se pode ver no Quadro 18, ambos os índices apresentaram resultados mais ou menos correlacionados com alguma sensibilidade à poluição da água. O IRWQI e o IFWQI apresentaram um coeficiente de correlação de 0,95, o que demonstra a boa aplicabilidade do indicador. De facto, a classe de qualidade obtida com o índice fuzzy foi inferior para 56% dos locais amostrados. Noutros casos, a avaliação da qualidade da água efectuada pelos dois índices foi análoga. No entanto, o IFWQI resultou numa avaliação mais severa em comparação com o índice físico-químico convencional.

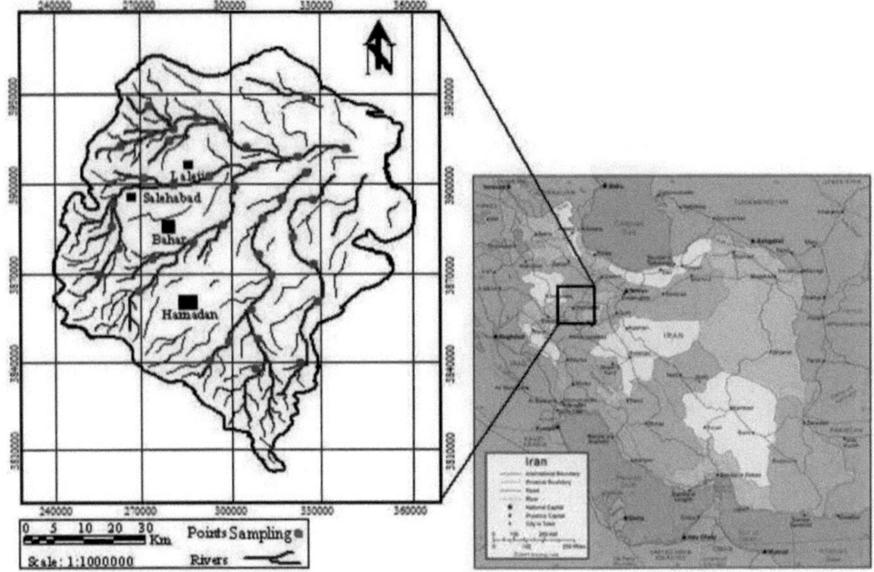

Figura 22. Localização da estação de amostragem de Qarah-chai, as estações de águas de superfície são indicadas em triângulos

Tabela 18. Comparação dos índices IRWQI e IFWQI para as diferentes estações da bacia de Gharah-Chai

Location	December – 12		May – 13	
	IFWQI	IRWQI	IFWQI	IRWQI
St1	54	51	45	31
St2	69	65	33	42
St3	45	51	35	32
St4	58	69	45	56
St5	35	49	19	36
St6	26	36	29	39
St7	35	40	44	49
St8	37	15	50	41
St9	70	56	51	55
St10	54	68	25	36
St11	53	65	38	44
St12	55	46	40	37
St13	50	48	26	21

Os resultados da comparação entre o IFWQI e o IRWQI convencional para alguns locais de amostragem da bacia de Siminehrood entre 2012 e 2013 são ilustrados no Quadro 18. Examinando a respetiva distribuição destes resultados por classes de qualidade, é óbvio que a diferença entre os dois índices aparece ao longo de todas as classes de qualidade, em particular nas mais baixas. A água tem uma boa qualidade a montante e torna-se suavemente poluída a jusante, perto das zonas urbanas, devido à evacuação urbana. Pode também notar-se nos quadros 18 e 19 que, quando os índices convencional e fuzzy não produzem uma avaliação semelhante, a diferença entre as classes de qualidade é geralmente de uma única classe. Estas divergências são observadas em locais onde um único índice é sempre problemático. A água de Barfejin tem boa qualidade na maior parte do tempo. Mais uma vez, verifica-se que a classe de qualidade obtida com o índice difuso foi inferior em 42% dos locais amostrados. Não é surpreendente que o índice difuso proposto tenha revelado alguma discordância entre o indicador de qualidade da água do Irão e as outras normas de qualidade das águas superficiais. O indicador difuso é mais eficaz no sentido em que é mais preciso na deteção da poluição da água, uma vez que se situa entre as gamas de qualidade da água prescritas pelas duas legislações reguladoras da água, nomeadamente a legislação do Irão e a do Quebeque, que é considerada mais rigorosa. Dada a natureza dos dois índices e os limiares de qualidade utilizados para o seu cálculo, este facto é bastante habitual. Os coliformes fecais e o fósforo total são avaliados de forma mais severa com a legislação do Quebeque.

Tabela 19. Comparação dos índices IRWQI elFWQI para as diferentes estações da bacia hidrográfica de Ghareh-Chai

Location	IFWQI	IRWQI	Location	IFWQI	IRWQI
St1	48	22	St14	88	79
St2	60	24	St15	35	8
St3	68	40	St16	35	15
St4	15	22	St17	86	92
St5	78	61	St18	80	83
St6	79	52	St19	48	59
St7	80	70	St20	68	72
St8	84	42	St21	64	59
St9	86	32	St22	88	79
St10	69	63	St23	29	35
St11	81	55	St24	31	41
St12	72	43	St25	71	73
St13	81	55			

Foi utilizado um método ponderado para quantificar o índice e produziu tanto uma classe qualitativa como uma pontuação. Esta abordagem proporciona uma excelente intuição quantitativa, que pode servir de base sólida para a tomada de decisões posteriores. Os decisores podem atribuir vários objectivos a várias partes de um rio, dependendo do grau de adesão. A avaliação convencional da qualidade da água com base nos limiares de qualidade prescritos pela legislação do Irão (IRWQI) dá os resultados sob a forma de classes qualitativas, tais como "bom", "médio" ou "mau", pelo que a informação fornecida pelo índice é muito limitada. Com o índice difuso, não só a qualidade da água passa de uma explicação linguística para uma delegação quantificável sem mais despesas de computação, como também produz um grau de associação que mostra até que ponto a qualidade da água de um curso de água depende de uma classe. Uma contribuição de um rio qualificada como estando aproximadamente a meio caminho entre "média", com um grau de filiação de 0,55, e "boa" qualidade, com um grau de filiação de 0,48, pode ajudar os profissionais a comportarem-se de forma diferente de uma porção qualificada como tendo uma qualidade "média" com um grau de filiação de 1.

Ao permitir que uma situação seja parcialmente verdadeira e parcialmente falsa ao mesmo tempo, a lógica difusa torna apropriado ter em conta quaisquer ambiguidades ou incertezas. Um significado-chave na lógica difusa são as funções de filiação. A lógica difusa é um desenvolvimento da lógica booleana efectuado por (Zadeh, 1965) com base na teoria dos conjuntos difusos, que é uma generalização da teoria clássica dos conjuntos. Um grau de zero significa que o valor não está no conjunto, um grau de um significa que o valor é totalmente representativo do conjunto e um grau limitado entre zero e um significa que o valor está parcialmente no conjunto. A forma da função de associação é frequentemente selecionada com base no conselho de um perito ou em estudos estatísticos. Pode ser utilizada uma forma Sigmoide, Trapezoidal, Triangular, Gaussiana ou qualquer outro tipo. Seja p o universo de discurso e os seus elementos denotados por x. Um conjunto difuso a no universo p é caracterizado por uma função de pertença $\mu_a \rightarrow p$ [0, 1]. O conjunto difuso A pode ser representado pelo conjunto de pares de um elemento x e p e o seu grau de pertença especificado por uma função de pertença μ_a (x).

$$\mu_a : X \rightarrow [0,1] \tag{1}$$

$$A = \left[(\mu_A(x)),\ x \in X, \mu_A(X) \in [0,1] \right] \tag{2}$$

$$\mu_a : \begin{cases} = 1 & x\ is\ full\ memebr\ of\ \ A \\ \in (0,1) & x\ is\ partial\ memebr\ of\ \ A \\ = 0 & x\ is\ not\ memebr\ of\ \ A \end{cases} \tag{3}$$

$$a = \left[(x, a(x)) / x \in p \right] \tag{4}$$

O significado das funções de afiliação discutido acima permite a descrição de sistemas de linguagem natural fuzzy que fazem uso de variáveis linguísticas, onde o universo de discurso da variável é dividido num número de conjuntos fuzzy com uma descrição linguística atribuída a cada um. Para facilitar a manipulação dos conjuntos fuzzy, os operadores da teoria clássica dos conjuntos são adaptados às funções de afiliação especiais da lógica fuzzy, permitindo estritamente valores entre 0 e 1. Tipicamente, a extensão do operador de união aos conjuntos fuzzy a e b definidos sobre o mesmo conjunto p é definida como

$$\mu_{a \cap b}(x) = \max \left[\mu_a(x),\ \mu_b(x) \right] \tag{5}$$

Em que μ_a e μ_b são as funções de membro para a e b, respetivamente. Da mesma forma, a intersecção fuzzy é definida por:

$$\mu_{a \cap b}(x) = \min \left[\mu_a(x), \mu_b(x) \right] \tag{6}$$

Estrutura básica de um sistema de inferência fuzzy: Um sistema de inferência fuzzy é um sistema de inferência baseado na teoria dos conjuntos fuzzy, que mapeia valores de entrada para saídas. O processo de inferência fuzzy envolve quatro etapas principais (Ross, 1995): avaliação da regra: nesta fase, é calculado o resultado de uma regra fuzzy se-então. Primeiro, a estabilidade da regra é calculada através da combinação das entradas *fuzzificadas*. A composição de múltiplos antecedentes conjuntivos é efectuada utilizando a operação de intersecção fuzzy. Os múltiplos antecedentes disjuntivos são combinados utilizando a operação de união fuzzy. Em seguida, o consequente da regra é correlacionado com o valor da força do antecedente da regra; o método mais comum para a implicação da regra consiste em cortar a função de associação do consequente ao nível da verdade do antecedente. Este método é designado por clipping. *Fuzzificação* - nesta fase, os valores de entrada são transformados em variáveis linguísticas através de funções de associação. Isto é necessário para ativar as regras que estão em termos de variáveis linguísticas. O *fuzzificador* pega nos valores de entrada e determina o grau de pertença a cada um dos conjuntos fuzzy através de funções de associação. *Defuzzificação* - nesta fase, o conjunto fuzzy de saída agregado é transformado num número estanque. Na prática, são utilizados vários métodos para a *defuzzificação,* incluindo o "centróide", o "máximo", a média do máximo", a "altura" e a "altura modificada". Agregação das saídas das regras: as saídas de todas as regras são então agregadas numa única distribuição fuzzy. Isto é normalmente feito utilizando a união fuzzy de todas as contribuições individuais das regras. Na lógica difusa, as regras *"se-então"* e os operadores de conjuntos difusos são utilizados para descrever as relações entre as variáveis de entrada e as variáveis de saída de um sistema. As regras difusas são um conjunto de declarações linguísticas que descrevem a forma como um sistema de conclusão difusa deve tomar uma decisão relativamente à classificação de uma entrada ou ao controlo de uma saída. Uma regra difusa tem um ou mais antecedentes, normalmente ligados por operadores linguísticos como "e" ou "ou". As regras são sempre escritas da seguinte forma:

Ri: se m é Ai e / ou n é Bi, então s é Ci. (7)

Onde *m* e *n* são as variáveis de entrada e *s* é a variável de saída. *Ai, Bi* e *Ci* são valores linguísticos para as variáveis *m, n* e *s*, respetivamente. Com base na grelha simplificada de qualidade do IQAI apresentada no Quadro 20, os resultados da monitorização efectuada durante quatro campanhas mostraram que 91% dos pontos de água de nível amostrados tinham uma qualidade média a boa em dezembro, contra 8% de qualidade média a má. Os resultados da comparação entre o IFWQI e o IRWQI convencional em cada local de amostragem da bacia de Gharah-Chai durante o período em estudo são ilustrados na Tabela 19. Em maio, a qualidade melhorou para 23% de pontos de qualidade média a má, em comparação com 77% de pontos de qualidade média a boa. O quadro 21 mostra uma tabela de classificação simplificada para os indicadores de qualidade da água do Irão (IRWQI). No entanto, em maio, a qualidade melhorou para 90% de pontos de qualidade média a boa, em comparação com 10% de pontos de qualidade média a má. Com base no IFWQI, os resultados mostraram que 89% dos pontos de água de superfície amostrados tinham uma qualidade média a boa em dezembro, em comparação com apenas 11% de qualidade média a má.

Tabela 20. Peso dos parâmetros e taxa de importância na classificação do índice de qualidade da água da NSF (Wills e Irvine, 1996)

Sub-index	Weights	Status of water quality based on National Sanitation Foundation WQI	
		Quality	Range
DO (mg/l)	0.17	Excellent Water quality	90 – 100
BOD (mg/l)	0.11	Good Water quality	70 – 90
TS (mg/l)	0.07		
Nitrate (mg/l)	0.10	Average Water quality	50 – 70
Turbidity (NTU)	0.08		
Phosphate (mg/l)	0.10	Poor Water quality	25 – 50
Temperature (°C)	0.10		
Fecal Coliform (CFU/100 ml)	0.16	Very poor Water quality	0 – 25
pH	0.11		

CFU: Unidades formadoras de colónias
NTU: Unidade de turbidez nefelométrica

Foi representada uma aplicação do índice às águas superficiais das bacias de Qarah-chai e Siminehrood. A qualidade da água foi avaliada por meio de seis índices (DO, CBO5, CQO, FC, TP e NH^{+4}). Neste trabalho, foi utilizada a abordagem (Mamdani, 1974) para construir o motor de inferência difusa IFWQI. O método de implicação utilizado é o "Mínimo" e o método de agregação é o "Máximo". Esta abordagem é conhecida pela sua estrutura simples e pela inferência Máximo _ Mínimo.

Tabela 21. Tabela de classificação simplificada para os indicadores de qualidade da água do IRWQI (IFSWQM, 2010)

Sub-index	Weights	Status of water quality based on National Sanitation Foundation WQI	
		Quality	Range
DO (mg/l)	0.097	Excellent Water quality	> 85
BOD (mg/l)	0.117	Good Water quality	85 – 55
TS (mg/l)	0.059		
Nitrate (mg/l)	0.108	Average Water quality	55 – 30
Turbidity (NTU)	0.062		
Phosphate (mg/l)	0.087	Poor Water quality	30 – 15
Temperature (°C)	0.140		
Fecal Coliform (CFU/100 ml)	0.051	Very poor Water quality	< 15
pH	0.097		

CFU: Unidades formadoras de colónias
NTU: Unidade de turbidez nefelométrica

No contexto dos esforços em curso destinados a melhorar o ambiente no Irão, foi desenvolvido um novo indicador de qualidade para as águas de superfície utilizando a lógica difusa (NSFWQI). Foi efectuada uma comparação entre o indicador convencional e o novo indicador difuso, com o objetivo de apontar os pontos fracos da abordagem contratual e de propor uma atualização da legislação sobre a água no Irão de uma forma simples e significativa. Ao contrário do indicador convencional, o novo indicador difuso permite que os resultados sejam interpretados quantitativa ou qualitativamente, juntamente com os graus de associação. O indicador proposto pode resolver problemas de incerteza e ambiguidade linguística inerentes a este problema ambiental específico. O indicador proposto demonstrou ser mais rigoroso porque utiliza limiares de qualidade do índice IQBP do Quebeque (reputado como muito rigoroso), mas conserva o conhecimento especializado incorporado no índice IRWQI do Irão. Permite igualmente uma melhor análise, uma vez que os peritos podem qualificar o estado de qualidade de uma estação de amostragem como estando mais próximo do seu limite superior ou inferior. O índice convencional não está totalmente de acordo com os conhecimentos dos peritos em saúde sobre a poluição industrial e agrícola conhecida na zona. Existe uma clara necessidade de rever a legislação sobre a qualidade da água que foi revelada pelo indicador difuso proposto. O indicador convencional não reflecte a condição alarmante da qualidade da água, o que minimiza as hipóteses de desencadear respostas suficientes ou a aplicação das leis existentes para lidar com a condição e, por conseguinte, a utilização da água dos rios para beber ou para a agricultura sem tratamento pode expor a população a riscos para a saúde. Embora não se preveja que a abordagem proposta venha a ser utilizada para a avaliação da qualidade da água pelas autoridades locais, o objetivo é chamar a atenção para a necessidade de o Irão realizar um exercício de ajustamento para alinhar os seus métodos de avaliação da água e do ambiente com os de outros países, a fim de atenuar os riscos de não conseguir atingir um bom estado ecológico. Além disso, o IRWQI convencional é um índice orientado para o Estado, que de alguma forma não reflecte as pressões socioeconómicas que resultam na degradação da qualidade da água em diferentes zonas geográficas. Na Europa, por exemplo, foram desenvolvidos vários esforços para ter em conta as diferentes pressões exercidas pelas forças motrizes socioeconómicas na resolução dos problemas da água (Borja et al. 2006). Assim, é necessário envidar mais esforços para realizar uma avaliação integrada que tenha em conta os índices socioeconómicos para além dos indicadores ecológicos.

Desenvolvimento do índice difuso iraniano de qualidade da água A avaliação da qualidade das águas superficiais no Irão é efectuada utilizando o indicador de qualidade da água IRWQI definido pela legislação relativa à água. O IRWQI propõe a qualidade da água recomendada utilizando uma série de índices bacteriológicos e físico-químicos e agrega-os para produzir uma única classe de qualidade relevante numa determinada utilização, como a vida dos peixes, a irrigação, as utilizações industriais, o arrefecimento ou o abastecimento de água bruta destinada ao consumo. O índice IRWQI é composto por indicadores: Oxigénio Dissolvido (OD), Carência Biológica de Oxigénio durante cinco dias (B0D5), Carência Química de Oxigénio (CQO), Amónio (NH^{+4}), Coliformes Fecais (CF) e Fósforo Total (TP). A grelha simplificada de classificação das águas superficiais apresentada no Quadro 21 estabelece cinco classes dominantes de acordo com os objectivos de utilização a que a água se destina. Cada classe é definida por um conjunto de valores limite que os diferentes índices bacteriológicos ou físico-químicos, particularmente significativos, não devem ultrapassar. O índice IRWQI aplica o significado da pontuação mais baixa, ou seja, o "operador mínimo" é utilizado para produzir a pontuação final do índice. A abordagem dita que a qualidade da água numa amostra corresponde à do indicador que gera o subíndice mais baixo, tal como calculado para cada índice, utilizando valores-limite determinados pela Tabela 21.

IRWQI = mínimo (subíndice CBO5, subíndice DO, subíndice FC, subíndice NH^{4+}, subíndice CQO, subíndice TP).

Por exemplo, se todos os índices tiverem valores correspondentes à classe "excelente", exceto um, que se enquadra na classe "média", o IRWQI atribuirá a massa de água à classe "média". As indicações preliminares mostram que a abordagem do "operador mínimo" é um método de agregação mais útil do que as técnicas aditivas e multiplicativas. Smith (1990) mostrou que a maioria dos indicadores baseados em abordagens aditivas ou multiplicativas eram insensíveis, ou seja, eram pouco influenciados pela má qualidade associada a um ou dois descritores devido ao método de agregação utilizado. Outra excelência desta abordagem é o facto de o indicador assegurar que um determinado número de índices de base seja claramente avaliado antes de ser atribuída uma classificação global a uma dada massa de água. O raciocínio subjacente a este método é o facto de ser muito importante compreender e determinar o tipo de poluição da água e o elemento que resultou na alteração da qualidade da água, a fim de estabelecer um diagnóstico claro e identificar o problema da qualidade da água. Uma vez que o IRWQI produz apenas classes qualitativas, tais como "excelente" ou "mau", é adotado um método de quantificação para obter um valor quantitativo que possa ser facilmente comparado com a concessão nítida produzida pelo indicador difuso. Para quantificar as diferentes classes, os valores dos intervalos estabelecidos pelos limiares de qualidade para avaliar a qualidade da água são convertidos em números adimensionais que variam entre (para uma qualidade da água extremamente má) e 100 (para uma qualidade da água absolutamente excelente). O sub-índice de um determinado indicador é elaborado por ponderação, o que significa que o indicador é obtido através da produção de um valor que é proporcional à sua posição real num intervalo de classe. A fórmula para calcular o indicador ponderado (IF) é apresentada na Eq. (8).

$$IFpa = li + \{(ui - li) / (bs - lb)\} \times (ub - pa) \tag{8}$$

Onde, IF_{pa} : o índice ponderado para o indicador pa; li: o índice inferior; ui: o índice superior; lb-, o limite inferior; ub: o limite superior;pa: o valor do indicador analisado.

O índice de qualidade da água do Quebeque (IQBP)

No indicador IQBP, as massas de água são agrupadas em cinco classes, de acordo com todas as possibilidades utilizadas. Para classificar uma massa de água, a qualidade da água é examinada através de dez índices, nomeadamente Nitratos (NO3') / Nitritos (NHO2), Amónio (NH^{+4}), Clorofila a total (CHA), Percentagem de oxigénio dissolvido (%O2), Coliformes fecais (CF), Carência biológica de oxigénio em cinco dias (CBO), Sólidos em suspensão (SS), Turbidez (TU), Fósforo total (TP) e pH. A Tabela 22 apresenta os critérios utilizados para atribuir uma das cinco classes a uma massa de água. Tal como o índice do Irão, o IQBP é um indicador do tipo descendente, ou seja, para uma dada amostra, o valor do índice corresponde ao subíndice mais baixo associado à substância mais difícil. As grelhas de classificação (quadros 21 e 22) mostram que existem discrepâncias nas gamas de qualidade entre as normas do Irão e do Quebeque. O IQBP exige, para cada indicador analisado, a mudança da concentração medida para um subíndice, com uma curva de classificação para avaliar a qualidade da água. Estas diferenças revelam limiares de qualidade mais rigorosos no PQBI para todos os índices de água em comum entre as duas normas, nomeadamente para o coliforme fecal e o fósforo total. Um problema com este tipo de avaliação altamente subjectiva da qualidade da água, apresentada tanto pelo IRWQI como pelo IQBP, é que o indicador final não tem em consideração a incerteza quanto aos valores-limite aceitáveis para cada índice. Na secção seguinte, é proposta uma alternativa ao índice IRWQI baseada na lógica difusa, com maior relevância para o tipo de incertezas envolvidas nesta dificuldade especial.

Tabela 22. Limites de classe de qualidade da água para alguns indicadores utilizados no PQBI
(Hebert, 1997)

Parameters	Class				
	A	B	C	D	E
BOD5 (mg/l)	≤ 1.7	1.8-3.0	3.1-4.3	4.4-5.9	> 5.9
NO_X^- (mg/l)	≤ 0.50	0.51-1.00	1.01-2.00	2.01-5.00	> 5.00
SS (mg/l)	≤ 6	7-13	14-24	25-41	> 41
FC (cfu/100 ml)	≤ 200	201-1000	1001-2000	2001-3500	> 3500
NH^{4+} (mg/l)	≤ 0.23	0.24-0.50	0.51-0.90	0.91-1.50	> 1.50
O_2 (%)	88-124	0.03-0.05 125-130	70-79 131-140	55-69 141-150	< 55 > 150
TP (mg/l)	≤ 0.03	0.031-0.050	0.051-0.100	0.101-0.200	> 0.200

Construção de um índice difuso de qualidade da água para o Irão (IFWQI)

As funções de associação para os diferentes índices de qualidade da água foram desenvolvidas tendo em conta os limites de ambos os organismos reguladores da água. A fim de combinar os benefícios das duas normas acima referidas, é utilizada uma metodologia difusa para sugerir um novo indicador de qualidade da água, conciliando os limiares de qualidade das legislações do Irão e do Quebeque. O método utilizado para produzir funções de associação é muito simples. Foi concebido e construído um sistema de inferência fuzzy para classificar a qualidade da água com um grau de filiação. Pode concluir-se que o valor real pertence à decussação destes intervalos. Se V e W denotam, respetivamente, os intervalos de qualidade para uma determinada classe de qualidade da água na norma do Irão e na norma do Quebeque, então V A W é considerado como a distância em que a confiança é a mais elevada, correspondendo a um grau de filiação igual a 1. Em seguida, é utilizada uma concatenação linear para os restantes pontos que não pertencem à decussação, igualando os limites inferior e superior de V e W à distância de decussação, o que resulta numa forma trapezoidal. Nos casos em que a decussação resulta num único ponto, a forma é triangular.

Dependendo da sobreposição entre os limiares de qualidade nas duas normas, foram derivadas funções de associação triangulares e trapezoidais a partir dos parâmetros, como se mostra na Tabela 23. As curvas de associação para os índices de entrada e o IFWQI são apresentadas na Fig. 23. No total, foram considerados para este estudo cinco conjuntos difusos, que são "excelente", "bom", "médio", "mau" e "muito mau", tanto para os índices de entrada como para o indicador de qualidade da água de saída. Utilizando os vários conjuntos fuzzy dos índices considerados, foram geradas automaticamente regras *"se-então"*. Numa primeira fase, uma vez que a metodologia de inferência utilizada relaciona os subconjuntos relevantes de cada conjunto global de entrada com os subconjuntos das outras entradas do sistema através de uma configuração de regras de intersecção, foi gerado um número total de 5 regras, representando o modelo do sistema de avaliação da qualidade da água a partir do conjunto de 6 índices de entrada e das suas possíveis 5 classes. No entanto, como a conclusão se baseia no subíndice mínimo, pode ser feita uma otimização utilizando uma disjunção de entradas através do operador "OU": o IFWQI é considerado "muito mau" se um dos índices for "muito mau" e, por conseguinte, a regra utilizada para todas as composições possíveis nesse caso é a Regra 3, como se mostra a seguir. Os exemplos abaixo mostram três regras para uma qualidade da água "boa", "má" e "muito má", respetivamente: *Se o DO for excelente, o CBO5 for excelente, a CQO for excelente, o NH' for excelente, o TP for excelente e o CF for bom, então o IFWQI é bom (Regra 1). Se a DO for excelente e a CBO5 for boa e a CQO for média e o NH^4 for mau e o TP for bom e a CF for excelente, então o IFWQI é mau (Regra 2). Se a DO for muito fraca ou a CBO5 for muito fraca ou a CQO for muito fraca ou o NIT' for muito fraco ou o TP for muito fraco ou a FC for muito fraca, então o IFWQI é muito fraco (Regra 3).*

Tabela 23. Taxa de importância das funções de membro dos diferentes indicadores utilizados no IFWQI

		Excellent	Good	Average	Poor	Very poor
DO	a	9	6	2	1	0
	b	9	5	3	2	0
	c	15	9	5	4	1
	d	19	9	7	5	1
BOD5	a	0	2	3	4	8
	b	0	4	6	7	33
	c	2	6	7	14	180
	d	3,4	9	12	21	180
NH^{+4}	a	0	0.2	0.4	2	4
	b	0	0.4	2	4	6
	c	0.2	2	4	7	40
	d	0.4	4	4	10	200
FC	a	0	20	1000	2000	3500
	b	0	200	2000	3500	50000
	c	40	1000	20000	20000	1800000
	d	200	2000	20000	50000	1800000
COD	a	0	15	20	35	70
	b	0	20	30	35	65
	c	25	35	55	70	450
	d	35	40	55	80	450
TP	a	0	0.02	0.1	0.1	0.3
	b	0	0.1	0.1	0.2	2
	c	0.02	0.3	0.5	0.5	25
	d	0.1	0.3	1	5	25

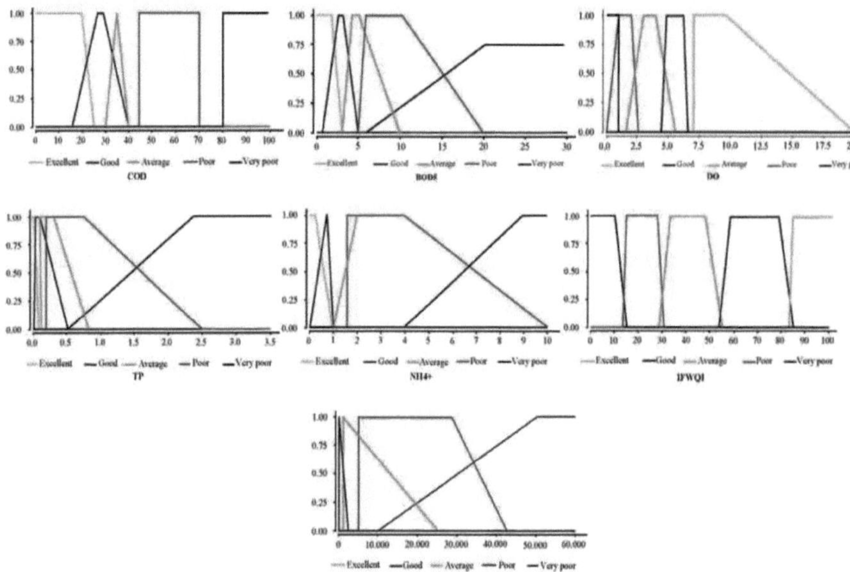

Figura 23. Função de associação para DO, B0D5, CQO, FC, NH^{+4} , TP e IFWQI

Referência

Aller L., Bennet T., Lehr J.H., Petty R.J., Hachet G. (1987): DRASTIC: A standardised system for evaluating groundwater pollution potential using hydrogeologic settings (EPA 600/2-87). Laboratório de Investigação Ambiental, Gabinete de Investigação e Desenvolvimento, Relatório da Agência de Proteção Ambiental dos EUA, Tucson, pp. 622.

Anónimo (2014): Relatório sobre o balanço hídrico hidroclimatológico, Autoridade Provincial da Água de Hamadan, Hamadan, Irão. Pp. 136.

Aranyossy J.F. (1991): The Contribution of Isotope Techniques to Study the Recharge under Constraints Techniques and Climate Extremes," Diplomafor Accreditation to Supervise Research in Sciences, University of Paris sud, Orsay, pp. 576.

Astel, A., (2007). Quimiometria baseada em princípios de lógica difusa em estudos ambientais, Taianta, 72(1), 1-12.

Babiker, I.S., Mohamed, M.A., Hiyama, T. e Kato, K., 2005. Um modelo DRASTIC baseado em SIG para avaliar a vulnerabilidade do aquífero em Kakamigahara Heights, Prefeitura de Gifu, Japão central. Science of the Total Environment, 345(1), pp.127-140.

Bai, V.R., et al. (2009). Fuzzy Logic Water Quality Index e Importância dos Parâmetros de Qualidade da Água. Investigação sobre o ar, o solo e a água, 2, 51-59.

Benchea, R.E., et al. (2011). Monitoramento de indicadores de qualidade da água para melhoria da gestão dos recursos hídricos do Rio Bahlui. Revista de Engenharia e Gestão Ambiental, 10(3), 327-332.

Borja, A., et al. (2006). A Diretiva-Quadro Europeia da Água e o DPSIR, uma abordagem metodológica para avaliar o risco de não atingir o bom estado ecológico. Estuarine Coastal and ShelfScience, 66(1-2), 84-96.

Busscher, W., et al. (2007). Comparação de correcções do solo para diminuir a resistência elevada em solos da planície costeira do sudeste dos EUA análise de decisão difusa. International Agrophys, 21(3), 225231.

Burkart, M.R. e Feher, J., 1996. Regional estimation of ground water vulnerability to nonpoint sources of agricultural chemicals (Estimativa regional da vulnerabilidade das águas subterrâneas a fontes não pontuais de produtos químicos agrícolas). Water Science and Technology, 33(4-5), pp.241-247.

Chang, N.B., et al. (2001). Identificação da qualidade da água do rio utilizando a abordagem de avaliação sintética difusa. Journal of Environmental Management, 63(3), 293-305.

Cheng, C.T., et al. (2002). Combinação de um modelo ótimo difuso com um algoritmo genético para resolver a calibração de modelos multi-objetivo de escoamento pluvial. Journal of Hydrology, 268(1-4), 72-86.

Chapman, D.V. ed. 1996. Water quality assessments: a guide to the use of biota, sediments, and water in environmental monitoring

Connell, L.D. e Van den Daele, G., 2003. A quantitative approach to aquifer vulnerability mapping. Journal of hydrology, 276(1), pp.71-88.

Chae, G.T., Kim, K., Yun, S.T., Kim, K.H., Kim, S.O., Choi, B.Y., Kim, H.S. e Rhee, C.W., 2004. Hidrogeoquímica das águas subterrâneas aluviais numa zona agrícola: uma implicação para a suscetibilidade de contaminação das águas subterrâneas. Chemosphere, 55(3), pp.369378.

Chenini I., Zghibi A., Kouzana L. (2015): Investigações hidrogeológicas e avaliação e mapeamento da vulnerabilidade das águas subterrâneas para a proteção e gestão dos recursos hídricos subterrâneos: Estado da arte e um estudo de caso. J Afric Earth Sci, 109:11-26.

Civita M. (1994): La carte dellavulnerbilita deli aquiferiallinquinamento: teoria e pratica. Pitagora editrica, Bologan, Itália (em italiano).

Dahiya, S., et al. (2007). Análise da qualidade das águas subterrâneas utilizando uma avaliação sintética difusa. Journal of Hazardous Materials, 147(3), 938-946.

Daly D., Dassargues A., Drew D., Dunne S., Goldscheider N., Neales S., Popescu CH., Zwahlen F. (2002): Main concepts of the European Approach for karst groundwater vulnerability and assessment and mapping. Hydrogeol J, 10: 340 - 345.

Doerfliger N., Zwahlen F. (1997): EPIK: Um novo método para o delineamento de áreas de proteção em ambiente cársico. In: Gunay G, Johnson AL (Eds) International symposium and field seminar on Karst waters and environmental.

Domenico, P.A e Schwartz, F.W., 1990. Physical and cherrucal hydrogeology: John Wiley and Sons, Nova Iorque, EUA.

Edmunds WM e Smedley PL. 2013. Fluoreto em águas naturais. In Essentials of medical geology (pp. 311-336). Springer Netherlands.

Engel B., Navulur K., Cooper B., Hahn L. (1996): Estimating Groundwater Vulnerability to Non-Point Source Pollution from Nitrates and Pesticides on a Regional Scale. In: K. Kovar and H. P. Nachtnebel, Eds., Application of Geographic Information Systems in Hydrology and Water Resources Management, IAHS Press, Wallingford pp. 521-526. http://www.iahs.info/redbooks/235.htm

Fawell, J.K. e Bailey K. 2006. Fluoride in drinking-water (Flúor na água potável). Organização Mundial de Saúde.

Fisher, B. (2003). fuzzy environmental decision-making: applications to air pollution. Atmospheric Environment, 37(14), 1865-1877.

Fobe, B. e Goossens, M., 1990. O mapa de vulnerabilidade das águas subterrâneas da região flamenga: seus princípios e utilizações. Geologia de Engenharia, 29(4), pp.355-363.

Foster, S.S.D. 1990. Impactos da urbanização nas águas subterrâneas. In: Hydrological Processes and Water Management in Urban Areas (ed. por H. Massing, J. Packman & F. Zuidema) (Papers from UrbanWater'88 Symposium at Duisburg, Germany, April 1988), 187-207. IAHS Publ. no. 198.

Foster S.S.D. (1987): Conceitos fundamentais em vulnerabilidade de aquíferos, risco de poluição e estratégia de proteção. In: van Duijvenbooden W, van Waegeningh HG (eds) Proceedings and information in vulnerability of soil and ground-water to pollutants, vol 38. Comité TNG de Investigação Hidrológica, Haia, 38,69-86

Gharibi, H., et al. (2012). Anovel approach in water quality assessment based on fuzzy logic. Journal Environmental Management, 112, 87-95.

Giambelluca, T.W., Loague, K., Green, R.E. e Nullet, M.A., 1996. Uncertainty in recharge estimation: impact on groundwater vulnerability assessments for the Pearl Harbor Basin, O'ahu, Hawai'i, USA. Journal of contaminant hydrology, 23(1-2), pp.85112.

Gogu, R.C. e Dassargues, A., 2000. Análise de sensibilidade para o método EPIK de avaliação da vulnerabilidade num pequeno aquífero cársico, no sul da Bélgica. Hidrogeologia

Revista, 8(3), pp.337-345.

Graça, M.A.S., et al. (2002). Ensaios in situ para avaliação da qualidade da água: um estudo de caso em rios pampeanos. Water Research, 36(16), 4033-4040.

Hagebro CLAUS, Bang SESSE e Somer ERIK. 1983. Nitrate load/discharge relationships and nitrate load trends in Danish rivers. Dissolved loads of rivers and surface water quantity/quality relationships, 141, pp.377-386

Herbert, S. (1997). Desenvolvimento de um índice da qualidade bacteriológica e físico-química da água para os rios do Quebeque, Quebeque. Ministere de iEnvironnement et de la Faune, Diretion des ecosystemes aquatiques, envirodoq no EN/970102, 20 p., 4 anexos.

Icaga, Y. (2007). Avaliação fuzzy da classificação da qualidade da água. Indicadores Ecológicos, 7(3), 710-718.

IFSWQM, 2010. Instrução para a Monitorização da Qualidade das Águas Superficiais. Gabinete do Adjunto para a Supervisão Estratégica (Ministério da Energia), n.º 522. 222p.

Istrate, M., & Grigoras, G. (2010). Estimativa de consumo de energia em sistema de distribuição de água utilizando técnicas fuzzy. Revista de Engenharia e Gestão Ambiental, 9(2), 249-256.

Lake, I.R., Lovett, A.A., Hiscock, K.M., Betson, M., Foley, A., Sunnenberg, G., Evers, S. e Fletcher, S., 2003. Evaluating factors influencing groundwater vulnerability to nitrate pollution: developing the potential of GIS. Jornal de gestão ambiental, 68(3), pp.315-328.

Lermontov, A., et al. (2009). Análise da qualidade do rio utilizando o índice fuzzy de qualidade da água: Bacia hidrográfica do rio Ribeira do Iguape, Brasil. Indicadores Ecológicos, 9(6), 1188-1197.

Linstone, H.A., & Turoff, M. (1975). O método Delphi: técnicas e aplicações. Addison- Wesley Pub. Co., Advanced Book Program, Boston, EUA, 620 p.

Liou, S-M., et al. (2003). Aplicação da teoria dos conjuntos difusos em duas fases à avaliação da qualidade dos rios em Taiwan. Water Resources, 37(6), 1406-1416.

Liu, L., et al. (2010). Utilização da teoria difusa e da entropia da informação para a avaliação da qualidade da água na região das Três Gargantas, China. Expert Systems with Applications, 37(3), 2517-2521.

Lu, R.S., et al. (1999). Análise da qualidade da água de reservatórios usando avaliação sintética difusa. Stochastic Environmental Research and Risk Assessment, 13(5), 327-336.

Mamatha, P. e Rao, S.M. 2010. Geoquímica das águas subterrâneas ricas em fluoreto nos distritos de Kolar e Tumkur de Karnataka. Ambiente, Ciências da Terra, 61(1), pp.131-142

Mahapatra, S.S., et al. (2011). A Cascaded Fuzzy Inference System for Indian river water quality prediction. Advances in Engineering Software, 42(10), 787-796.

Mamdani, E.H. (1974). Aplicação de algoritmos fuzzy para controlo de uma planta dinâmica simples. Proceedings of the Institution of Electrical Engineers, 121(12), 1585-1588.

Mjemah, I.C, Van Camp, M., Martens, K. e Walraevens, K. 2011. Exploração de águas subterrâneas e estimativa da taxa de recarga de um aquífero de areia quaternário na área de Dar-es-Salaam, Tanzânia. Environ Earth Sci, 63(3), pp.559-569.

Mjemah IC, Mtoni Y, Tungaraza C, Elisante E, Mtakwa PW e Walraevens K. 2012. junho. Fontes de salinidade no aquífero arenoso quaternário de Dar-es-Salaam, Tanzânia. In Actas da 22ª reunião sobre intrusão de água salgada (SWIM), Búzios (pp. 264-268).

Mtoni, Y.E. 2013. Intrusão de água salgada na faixa costeira do aquífero quaternário de Dar es Salaam, Tanzânia (Dissertação de doutoramento, Universidade de Ghent).

Mueller N.C., Braun J., Bruns J., Cermk M., Rissing P., Rickerby D., Nowack B. (2012): Aplicação de ferro de valência zero em nanoescala (NZVI) para remediação de águas subterrâneas na Europa. Environ Sci Poll Research, 19:550-558.

Mujumdar, P.P., & Sabhikar, K., (2002). A fuzzy risk approach for seasonal water quality management of river water. Advanced in water Resources, 38,1 -9.

Nasiri, F., et al. (2007a). Prioritizing groundwater remediation policies: a fuzzy compatibility analysis decision aid. Journal Environmental Management, 82,13-23.

Nasiri, F., et al. (2007b). A Fuzzy River-pollution Decision Support Expert System. Journal of Water Resources Planning and Management, 133(2), 95-105.

Nikoo, M., et al. (2011). Um índice probabilístico de qualidade da água para a avaliação da qualidade da água dos rios: um estudo de caso. Avaliação da Monitorização Ambiental, 181(1), 465-478.

Nolan, B.T., 2001. Relação entre as fontes de azoto e a suscetibilidade dos aquíferos ao nitrato em águas subterrâneas pouco profundas dos Estados Unidos. Groundwater, 39(2), pp.290-299.

Nolan, B.T. e Stoner, J.D., 2000. Nutrients in groundwaters of the conterminous United States, 1992- 1995. Environmental Science & Technology, 34(7), pp.1156-1165.

Ocampo-Duque, et al. (2006). Avaliação da qualidade da água de um rio com sistemas de inferência fuzzy: Um estudo de caso. Ambiente Internacional, 32(6), 733-742.

Ocampo-Duque, et al. (2013). Análise da qualidade da água no rio com distribuições de probabilidade não paramétricas e sistemas de inferência fuzzy: Aplicação ao rio Cauca, Colômbia. Meio Ambiente Internacional, 52, 17-28.

Oroji B. 2017. Avaliação da vulnerabilidade dos aquíferos através da aplicação de SIG: Estudo de caso de Asadabad, Hamadan (Irão Ocidental). Ambient Sci, 4(1): D01:10.21276/ambi.2017.04.1.ta03

Oroji, B. e Solgi, I. 2016. Avaliação da vulnerabilidade das águas subterrâneas da planície de Asadabad (Hamadan) por GIS. Jornal de Ciências do Ambiente, 14(l):91-104

Pislaru, M., et al. (2011). Modelo neuro-fuzzy para avaliação de impacto ambiental. Revista de Engenharia e Gestão Ambiental, 10(3), 381-386.

Popescu I.C., Gardin N.N., Brouye're S., Dassargues A. (2008): Avaliação da vulnerabilidade do groundware modelação baseada na física: dos desafios à solução pragmática. In Moldel CARE 2007 proceedings, calibration and reliability in groundwater modeling. Refagaard JC, Kovar K, Haarder E, Nygaard E (Eds), Dinamarca. Publicação IAHS, n.º 320.

Roberts, G. e Marsh, T. 1987. The effects of agricultural practices on the nitrate concentrations in the surface water domestic supply sources of Western Europe (Os efeitos das práticas agrícolas nas concentrações de nitrato nas fontes de abastecimento doméstico de águas superficiais da Europa Ocidental). Publicação IAHS (Reino Unido).

Ross, T.J. (1995). Fuzzy Logic with Engineering Applications. Segunda edição. McGraw-Hill, Nova Iorque, EUA, 652 p.

Roveda, S.R.M.M., et al. (2010). Desenvolvimento de um índice de qualidade de água utilizando lógica fuzzy: Um estudo de caso para o rio Sorocaba. In: 2010 IEEE International Conference on Fuzzy Systems (FUZZ), Barcelona, doi: 10.1109/ fuzzy.584172.

Rupert, M.G., 2001. Calibração do método de mapeamento da vulnerabilidade das águas subterrâneas DRASTIC. Groundwater, 39(4), pp.625-630.

Puckett, L.J., Cowdery, T.K., Lorenz, D.L. e Stoner, J.D., 1999. Estimativa da contaminação por nitratos de um aquífero de outwash de um agro-ecossistema utilizando um orçamento de balanço de massa de azoto. Journal of Environmental Quality, 28(6), pp.2015-2025.

Rice, E.W., Baird, R.B., Eaton, A.D. e Clesceri, L.S. 2012. APHA, Standard Methods for the Examination of Water and Waste Water (Métodos padrão para o exame de água e águas residuais).

Sadiq, R., & Tesfamariam, S. (2008). Desenvolvimento de índices ambientais utilizando operadores de média ponderada ordenada de números difusos (FN-OWA). Stochastic Environmental Research and Risk Assessment, 22(4), 495-505.

Saxena, V. e Ahmed, S. 2001. Dissolution of fluoride in groundwater: a water-rock interaction study. Environ geo, 40(9), pp.1084-1087

Shen, G., et al. (2005). Status and fuzzy comprehensive assessment of combined heavy metal and organo-chlorine pesticide in the Taihu Lake region of China. Journal of Environmental Management, 76(4), 355-362.

Smith, D.G. (1990). Um melhor sistema de indexação da qualidade da água para rios e riachos. Water Research, 24(10), 1237-1244.

Soutter, M. e Musy, A., 1998. Acoplamento de simulações ID Monte-Carlo e geoestatística para avaliar a vulnerabilidade das águas subterrâneas à contaminação por pesticidas numa escala regional. Journal of Contaminant Hydrology, 32(1), pp.25-39.

Spalding, R.F. e Exner, M.E., 1993. Occurrence of nitrate in groundwater - a review. Journal of environmental quality, 22(3), pp.392-402.

Stuart, G.W., Dolloff, C.A. e D.S. Corbett, 1994. Riparian area functions and values: Uma perspetiva florestal, p. 81.89. In: Riparian Ecosystems in the Humid U.S. . Function, Values and Management. Associação Nacional de Distritos de Conservação Washington, D.C.

Organização de investigação industrial e normativa. 2012. Normas de qualidade da água potável, Irão (DWQSI) [Online]. 1998; Disponível em: URL: www.isiri.com.

Sunitha, V., Reddy, B.M. e Reddy, M.R. 2012. Avaliação da qualidade das águas subterrâneas com referência especial ao flúor na parte sudeste do distrito de Anantapur, Andhra Pradesh. Adv Applied Sci Rese, 3(3), pp.1618-1623

Tadesse A., Bosona T., Gebresenbet G. (2013): Gestão e Sustentabilidade do Abastecimento de Água Rural: O caso da área de Adama, Etiópia. J Water Resour Protect, 5:208-221. doi:10.4236/jwatp.2013.52022

Teixeira J., Chaminé H.I., Marques J.E., et al (2015): Uma análise compreensiva dos recursos hídricos subterrâneos com recurso a SIG e ferramentas multicritério (Caídas da Cavaca, Centro de Portugal): questões ambientais. Environ Earth Sci, 73:2699-2715.

Tesoriero A.J, Inkpen E.L., Voss F.D. (1998): Avaliando a vulnerabilidade das águas subterrâneas usando regressão logística. In: Actas da Conferência de Avaliação e Proteção das Águas de Origem 98, Dallas, TX, pp 157- 165.

Thapinta A., Hudak P.F., (2003): Utilização de sistemas de informação geográfica para avaliar o potencial de poluição das águas subterrâneas por pesticidas na Tailândia Central. Enviro Int, 29: 87 - 93.

Todd, D.K. 1980, Groundwater hydrology: John Wiley and Sons, Inc., Nova Iorque, EUA.

Trivedi, H.B. e Vediya, S.D. 2012. Avaliação da contaminação por nitrato das amostras de águas subterrâneas em Bhiloda Taluka do distrito de Sabarkantha, Gujarat. Int J Pharmacy & Life Sci, 3(11)

Tyagi, S., et al. (2013). Avaliação da qualidade da água em termos de índice de qualidade da água. Jornal Americano de Recursos Hídricos, 1(3), 34-38.

Tzionas, P., et al. (2004). Um sistema hierárquico difuso de apoio à decisão para a reabilitação ambiental do lago Koronia. Environmental Management, 34(2), 245-260.

Unicef. 2008. UNICEF handbook on water quality (Manual da UNICEF sobre a qualidade da água). United Nations Childrens Fund, Nova Iorque/EUA.

Van Stempvoort D., Ewert D., Wassenaar L. (1993): Aquifer vulnerability index: a GIS compatible method for groundwater vulnerability mapping. Can Water Resour J, 18: 25 - 37.

Von Hoyer M., Sofner B. (1998): groundwater vulnerability mapping in carbonate (Karst) Area of Germany, Federal intitute for geosciences and natural resources, Archive no. 117854, Hanover, Alemanha.

Wang, H.Y. (2007). Avaliação e previsão da qualidade ambiental global da cidade de Zhuzhou, província de Hunan, China. Jornal de Gestão Ambiental, 66(3), 329-340.

William, O.D., et al. (2006). Avaliação da qualidade da água em rios com sistema de inferência fuzzy: Um estudo de caso. Environment International, 32(6), 733-742.

Wills, M., & Irvine, K.N. (1996). Aplicação do índice de qualidade da água da National Sanitation Foundation no projeto-piloto de gestão da bacia hidrográfica de Cazenovia Creek, NY. Middle States Geographer, 95-104.

Worrall, F. e Besien, T., 2005. The vulnerability of groundwater to pesticide contamination estimated directly from observations of presence or absence in wells. Journal of Hydrology, 303(1), pp.92-107.

Worrall, F., Besien, T. e Kolpin, D.W., 2002. Groundwater vulnerability: interactions of chemical and site properties (Vulnerabilidade das águas subterrâneas: interações das propriedades químicas e do local). Science of the Total Environment, 299(1), pp.131-143.

Yilmaz, I. (2007). Fuzzy evaluation of water quality classification, Ecological Indicators, 7, 710718.

Zadeh, L.A. (1965). Fuzzy sets. Information and Control, 8(3), 338-353.

Zektser, I.S., Karimova, O.A., Bujuoli, J. e Bucci, M., 2004. Estimativa regional da vulnerabilidade das águas subterrâneas doces: aspectos metodológicos e aplicações práticas. Recursos Hídricos, 31(6), pp.595-600.

Buy your books fast and straightforward online - at one of world's fastest growing online book stores! Environmentally sound due to Print-on-Demand technologies.

Buy your books online at
www.morebooks.shop

Compre os seus livros mais rápido e diretamente na internet, em uma das livrarias on-line com o maior crescimento no mundo! Produção que protege o meio ambiente através das tecnologias de impressão sob demanda.

Compre os seus livros on-line em
www.morebooks.shop

Printed by Books on Demand GmbH, Norderstedt / Germany